关于大自然复杂行为的研究始于 20 世纪 80 年代，经过十几年的发展，复杂性科学已成为 21 世纪的前沿学科。1987 年丹麦科学家帕·巴克教授和中国物理学家汤超先生首先提出自组织临界性理论，对大自然的复杂性问题进行系统化的理论探讨。这一理论以其创新性、宏观性和简洁性而引起科学界的密切关注，其基本思想对其后的研究产生了巨大的影响。

该书全面阐述了自组织临界性理论，并运用这一理论解释了大自然中普遍存在的复杂结构。该书所提出的思想简单明了，所建立的数学模型也不复杂，但所涉及的领域却十分广泛，从宏观宇宙如星震与星云塌陷、黑洞与日辉耀斑到微观世界如夸克与胶子团簇，从自然界如地震与火山爆发、生态与物种灭绝到人类社会如市场与价格波动、股票与金融危机，等等。

该书思想新颖，富有创见，在国际上颇有影响，是一本高水平的科学著作。

—— 中国科学院院士、华中科技大学原校长 杨叔子

人类从复杂系统中演化而来，也被复杂性所塑造和影响。我们置身于一个复杂性的世界中，从物质到生命，都在其中不断演化，展现出无穷的奥妙。丹麦物理学家帕·巴克教授的《大自然如何运作》从简单的沙堆模型起笔，以生动的笔触和鲜活的故事展现了科学大厦构建的过程，为我们呈现了科学之美：大自然如此纷繁复杂，而物理规律却可以如此简单优美。当学科分化越细碎之时，越要求我们拥有交叉的视野和思维。书中所呈现的物理规则的广泛适用性，也让我们看到了学科交叉的可能性及其深度和广度。

—— 北京大学讲席教授、首都医科大学校长 饶毅

《大自然如何运作》讲述了一个浪漫、充满童真的话题。从长岛海滨到桑格雷 - 德克里斯托山脉脚下的圣菲研究所，作者帕·巴克博士将一次次长

谈和心灵碰撞娓娓道来，试图为错综复杂的大千世界理出普适的规则，周而复始，却从不重复。科学的真谛是创建可以预测未来的理论，而简单沙堆模型的计算却给出了每次不同的答案，就像出现了若干平行宇宙，这到底是怎么一回事？在这本书中，年轻的朋友们将学习玩具模型的构建和分析，邂逅不断奔跑的"红皇后"，迈步走出纳什均衡的困局，尽情享受复杂世界的韵律 —— 自组织临界。

—— 西湖大学讲席教授 汤雷翰

　　自组织临界现象的提出是复杂系统研究的一个里程碑。本书的作者帕·巴克教授是自组织临界现象的发现人之一。作者以其幽默的语言风格与敏捷的物理直觉，讲述了当年自组织临界现象的发现以及之后在科学各领域的推广和应用。此书让读者了解到许多鲜为人知的细节和历史背景。书中提到了 100 多位各领域的科学家和著名学者，包括多位诺贝尔奖获得者，在十多年的时间里围绕自组织临界现象的发现、完善与拓展，相互切磋、合作，以探索科学的真谛。读起来有点像武侠小说中的华山论剑，非常有趣。

　　自组织临界现象的卓越之处在于它的发现者们用一个非常简单的沙堆模型，把一个具有普适意义的假说阐明得干净清楚。这对于年轻的物理学家是一个很好的启示：严密的理论推导固然重要，简单但具有普适性的玩具模型更能打开一个新天地。全书大部分篇幅都在讨论与物理相关的其他领域，从天文到地理，从生物进化到经济金融，印证了本书的书名 —— 大自然如何运作。自组织临界现象在其他领域的应用是基于不同领域中不同现象的本质的共性而进行的。无论其最后是对是错，自组织临界现象这个深刻的物理概念为这些领域的研究开辟了一个独特的视角。这也为当今交叉科学的深度发展提供了一个非常好的范例。

—— 美国 IBM Watson 研究中心研究员，2020 年 Lars Onsager 奖获得者 涂豫海

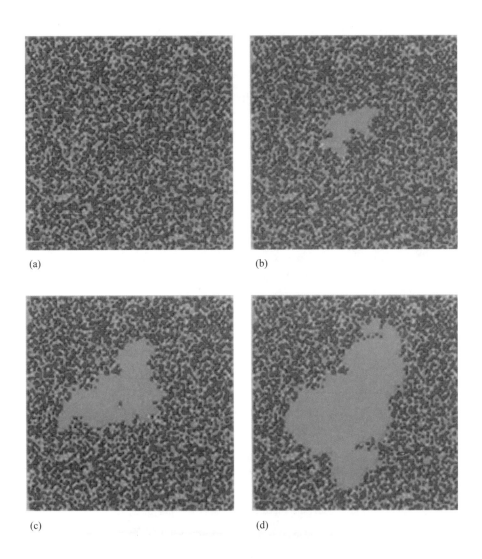

(a)

(b)

(c)

(d)

彩图 1　沙堆模型中正在传播的崩塌的照片。灰色、绿色、蓝色及红色分别表示高度为 0、1、2 及 3。浅蓝色表示的是至少倒塌过一次的区域。崩塌持续增加，浅蓝色区域也增加。（迈克尔·克罗伊茨）

彩图 2 IBM 沙堆实验，由格伦·赫尔德及其合作者完成。秤盘上沙堆质量的波动情况被送入一台小型 PC 机以供分析。

(a)

(b)

彩图 3　由迈克尔·布雷兹及佛朗哥·诺里领导的密歇根大学合作组所做的沙堆实验。
（a）为倾斜沙堆，（b）为圆锥沙堆，是由摄像机所拍到的数字影像。

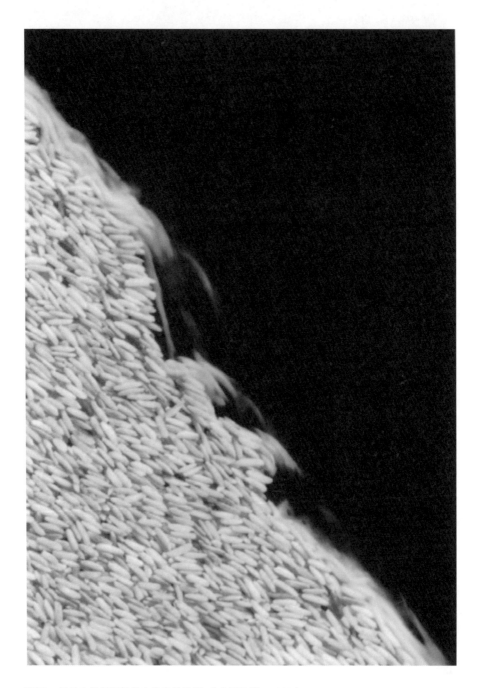

彩图 4 处于自组织强临界态的米堆轮廓。(弗雷特等，1995)

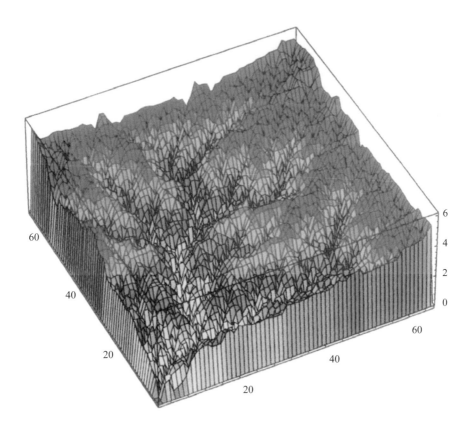

彩图 5 对应于图 20 中河网的自组织分形地貌。颜色从黄到绿，从绿到蓝再到蓝绿，反映了海拔高度的递增状况。(里贡等，1994)

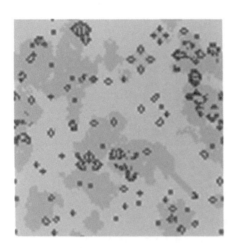

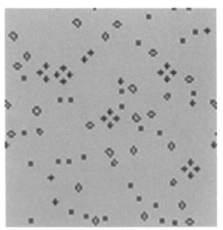

彩图 6　生命游戏中的跑动位形。蓝色格点为稳定的生命格点；红色格点是那些下一次修正时会有生命的格点；绿色格点是那些垂死的生命格点。暗灰色的区域表示最近有活动的那些格点。注意到右下角的滑行格点，其身后留下了一条灰色轨迹。(迈克尔·克罗伊茨)

彩图 7　生命游戏中的静态位形，其中只有稳定的团簇和"闪光灯"。同时注意"闪光灯"组成的团簇的形成。(迈克尔·克罗伊茨)

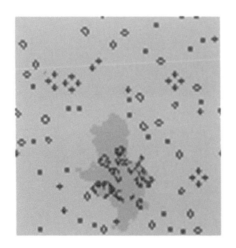

彩图 8　生命游戏里正在传播的崩塌，这场游戏是从彩图 7 中显示的静止状态开始的。这个崩塌是由单个格点加入的生命引发的。灰色区域已为崩塌所覆盖，因而这块区域的状态与彩图 7 中的状态是不同的。(迈克尔·克罗伊茨)

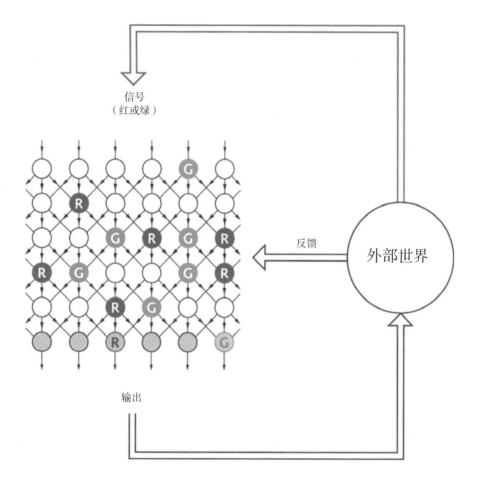

彩图 9 大脑与外部世界相互作用的方框图。外部世界对大脑显示出一个红色或绿色信号，这个信号被送入大脑的任意一个神经元中。最底部的一行就代表了由大脑中的进程所产生的反应。这个反应被送入环境中去，而环境提供了反馈。如果反应是对的，环境就会提供食物；如果反应不对，环境就不会提供食物。（斯塔西诺普洛斯和巴克，1995）

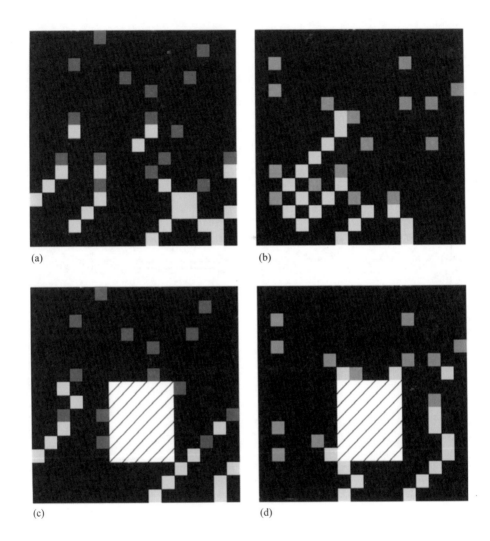

彩图 10 快速转换相中的成功放电模式。两套输入神经元分别用红色和绿色表示。对于（a），必须触发底行第 10 号和第 15 号细胞的红色输入；对于（b），必须触发第 7 号和第 12 号输出细胞的绿色信号。黄色方块显示了两个输入的哪些输出正在发放。移去包含 30 个神经元的块体以后的成功模式（c）和（d）。注意它和最初反应的区别（斯塔西诺普洛斯和巴克，1995）。

科学通识书系

主编：周雁翎

科 学 通 识 书 系

大自然如何运作

关于自组织
临界性的科学

（中译本修订版）

How Nature Works
The Science of
Self-Organized Criticality

［丹麦］帕·巴克（Per Bak）著

李炜 蔡勖 译
俞易 等校

北京大学出版社
PEKING UNIVERSITY PRESS

著作权合同登记号 图字：01-2023-5815

图书在版编目（CIP）数据

大自然如何运作：关于自组织临界性的科学：修订版 /（丹）帕·巴克著；
李炜，蔡勖译 . — 北京：北京大学出版社，2024.1
（科学通识书系）
ISBN 978–7–301–33400–3

Ⅰ.①大… Ⅱ.①帕… ②李… ③蔡… Ⅲ.①自然科学 – 普及读物
Ⅳ.①N49

中国版本图书馆 CIP 数据核字（2022）第 181475 号

书　　　　名	大自然如何运作：关于自组织临界性的科学（中译本修订版）	
	DAZIRAN RUHE YUNZUO: GUANYU ZIZUZHI LINJIEXING DE KEXUE	
	（ZHONGYIBEN XIUDING BAN）	
著作责任者	〔丹麦〕帕·巴克（Per Bak）著　李炜　蔡勖 译	
责 任 编 辑	张亚如	
标 准 书 号	ISBN 978–7–301–33400–3	
出 版 发 行	北京大学出版社	
地　　　址	北京市海淀区成府路 205 号　100871	
网　　　址	http://www.pup.cn　　　　　新浪微博:@ 北京大学出版社	
微信公众号	通识书苑（微信号：sartspku）科学元典（微信号：kexueyuandian）	
电 子 邮 箱	编辑部 jyzx@pup.cn　　　　　总编室 zpup@pup.cn	
电　　　话	邮购部 010–62752015　发行部 010–62750672	
	编辑部 010–62750539	
印 刷 者	大厂回族自治县彩虹印刷有限公司	
经 销 者	新华书店	
	650 毫米 ×980 毫米　16 开本　18.25 印张　彩插 5　210 千字	
	2024 年 1 月第 1 版　2024 年 8 月第 2 次印刷	
定　　　价	69.00 元	

谁又能计算出一个分子的行程呢？我们怎么能知道星体不是陨落的沙粒形成的呢？

——维克多·雨果《悲惨世界》

汤超序

1986年我从芝加哥大学毕业后，去到布鲁克海文国家实验室凝聚态理论组从事博士后研究。那是一个科研氛围非常自由的地方，经过一段时间的思考后，我决定试试 $\frac{1}{f}$ 噪声问题的研究。这是一个自然界广泛存在的现象，我在研究生期间就对它着迷。我把想法告诉了巴克（Per Bak）教授和维森费尔德（Kurt Wiesenfeld）博士，他们也很有兴趣，于是就有了书中第二章里描述的故事。我的办公室，就在那个咖啡屋隔壁。那是一段非常有趣的时光，典型的由好奇心驱动的自由探索、交流碰撞。记得我们第一篇文章（书中图9描述的工作）被接收的那天，我和维森费尔德去实验室的小餐厅吃了一顿汉堡包来庆祝。从那以后，我就爱上了汉堡包。

复杂系统科学的研究对象涵盖非常广泛，从自然到社会，通常也都会涉及学科的交叉，这些从本书中可窥见一斑。自组织临界性思想试图为复杂系统中的跨尺度现象提供一种普适而简单的机制上的解释，是一种全新的思维。也正因如此，它在相当广泛的领域启发了许多后续研究。

科学发展到今天，大家越来越认识到我们面对的许多问题需要从复杂系统的角度、从多学科交叉的角度去思考。霍金（Stephen Hawking）曾说，21 世纪将是复杂系统的世纪；2021 年的诺贝尔物理学奖也颁给了复杂物理系统方面的工作。在这个背景下，北京大学出版社决定出版此书的中译本修订版，可谓恰逢其时。

在这本书里，巴克教授将自组织临界性理论及其在一些领域中的应用以深入浅出的方式介绍给大家，并在其中穿插了不少故事，使它的可读性很强，让读者脑洞大开。希望此书能像巴克教授所期望的那样，进一步激发读者，尤其是青年朋友们对大自然的热爱、对科学的兴趣和热情。也希望读者能从中领略到从事科学研究的极大乐趣。

对具有相关专业背景知识的读者，我建议读此书时不要太注重严谨性和技术细节。一方面，就像巴克教授说的，科普读物所要求的通俗性使其不可能像科学期刊那样简洁而准确。另一方面，对自组织临界性更应该是从概念上去理解。我们构建"沙堆模型"是为了更形象地阐述自组织临界性的概念，而不是要真的去模拟海滩边的沙堆。打个比方，统计物理中的理想气体模型对热力学和统计物理的发展至关重要，但大自然中并不存在完全理想的气体。

在此，让我引用一段著名物理学家菲利普·W.安德森（Philip W. Anderson）的话：

　　我觉得自组织临界性思想不一定是对这个或那个类似问题的正确和唯一解，而是具有代表下一阶段物理学的范式价值。20 世纪的物理学构建了层级结构，在每个层次内都有着清晰的理论框架：原子与分子理论、核物理、量子色动力学、弱电理论、量子多体理论、经典流体力学、分子生物学，等等。在 21 世纪，一个可能发生的革命将是在不同层次之间构建理论框架，或者构建具有尺度不变性或跨尺度的理论框架。前者的范式是对称破缺，后者的范式是自组织临界性。①

此书的英文版于 1996 年出版。李炜和蔡勖两位老师将此书翻译成中文，于 2000 年出版了中文版。这次的中译本修订版对原译文进行了认真细致的校对与修订工作，做了许多修改。这一切都要感谢我们实验室的前任和现任成员。具体分工如下——第一章：闫嘉伟、方美琛、王彬；第二、三章：秦山山、刘波、刘雨轩；第四章：盛南、俞易；第五章：李倩怡；第六章：王敬业、俞易；第七章：张潇逸、余幸恒；第八章：赵心源；第九章：徐依朋、俞易；第十章：王欣、常畅、刘祥；第十一章：徐小婵、田冰珲；全书统筹：俞易。

最后，特别要感谢北京大学出版社同仁，正是他们的不懈努力，使得这本书在多年后以新的面貌呈现在读者面前。希望书中对科学自由探索的热情，能够点燃更多年轻学子的思想火花。

汤超

2022 年 12 月

于北京大学

---

① Anderson, P.W. *More and Different: Notes from a Thoughtful Curmudgeon.* Singapore: World Scientific Publishing Company, 2011. p112.

蔡勖序

　　丹麦科学家帕·巴克的名著《大自然如何运作》于 1996 年由纽约 Copernicus 出版社出版，该书的英文书名为 *How Nature Works*，副书名为"关于自组织临界性的科学"（*The Science of Self-Organized Criticality*）。

　　1997 年夏季，我应德籍华裔物理学家孟大中先生的邀请，访问德国柏林大学理论物理研究所。他跟我谈到当年春季来访的巴克先生和这本书。引起我的注意并非仅因这部畅销书的书名骇世惊俗，而是其一，自巴克与他的合作者汤超和库尔特·维森费尔德于十年前在《物理评论快报》（*Physical Review Letters*）期刊上发表的重要论文《自组织临界性：$\frac{1}{f}$ 噪声的一种解释》（*Self-Organized Criticality: An Explanation of $\frac{1}{f}$ Noise*）首先提出自组织临界性（SOC）的思想以来，竟有成千上万篇的论文援引，成为当时被引用最多的学术文献之一；其二，SOC 作为关于大自然复杂行为中的一种新的物理规律，竟能涉及如此广泛的研究领域：岩层与地貌形成、河网与海湾结构、地震与火山爆发、星震与星云塌陷、黑洞与日辉耀斑、夸克与胶子团簇、生态与物种灭绝、变异与生命演化、噪声与全球变暖、人口与环境污染、大脑与神经网络、市场与价格波动、股票与金融危机、城市与交通堵塞，等等；其三，巴克等人的SOC的基本思想这么简单明了，竟用不着通俗化就足以使非专业的读者看懂。于是，我把巴克先生的英文版原著带回了中国，并与我的博士研究生李炜合作翻译，成为了读者手中的这本中文版译著。

这里，我特别感谢孟大中先生的引荐和帮助。感谢巴克先生允许我们在中国翻译他的书，感谢巴克先生专门给中国读者写序。巴克先生最重要的合作者之一，汤超先生，是一位年轻有为的科学家，他阅读了全部中文译稿。在翻译过程中，还得到了冯端院士的关心。

有一件有趣的事。巴克的英文版原著的扉页印有19世纪法国文学大师维克多·雨果的巨著《悲惨世界》中的一段话。一开始我十分惊奇，为了使这段话的中文翻译确切，我专门去图书馆借来《悲惨世界》的中文译本，共五册，是人民文学出版社1980年版李丹先生的译作。这是我许多年以后再次阅读这本名著，在该书的第三卷第三节我找到了这段话。

之后，我在逛书店时，又发现了由北京燕山出版社于1999年出版的李玉民先生的新译本，分上下两册。在下册的第597页上写着这段话的完整译文，我抄录如下：

> 谁又能计算出一个分子的行程呢？我们怎么能知道星体不是陨落的沙粒形成的呢？谁又能够了解无限大和无限小相反相成，始因在物体的深渊中回响，以及宇宙形成时的大崩溃呢？一条小虫也不容忽视，小即大，大即小；在必然性

中，一切都处于平衡状态；对思维来说，真是骇人的幻象。在生物和物体之间，有奇异的关系；在这永不穷尽的整体中，从太阳到蚜虫，谁也不能藐视谁，彼此都相互依存；阳光不会糊里糊涂地将地上的芳香带上碧空，夜色也将星体的精华散发给睡眠中的花朵。飞鸟的爪子无不系着无限世界的绳索。万物化育，会因为一颗流星的出现、乳燕的破壳而变得复杂，并同样导引一条蚯蚓的出生和苏格拉底的问世。望远镜丧失效力之处，显微镜则开始起作用。哪一种视野最广呢？选择吧。

我想，读者一定会和巴克一样，在雨果这段话中找到共鸣吧。是以为译者序。

蔡勋

2000 年 1 月

于武昌桂子山

致中国读者

为什么我们所处的世界如此复杂,而物理规律却如此简单?为什么大爆炸导致复杂性不断增加,让地球上有了生命,产生了具有大脑的人类,最终形成了复杂的社会,而不是像通常的爆炸那样产生一些简单的气体粒子?我们在21世纪将要面临这样的重大问题。

关于自组织临界性(SOC)的科学表明,复杂系统在远离平衡的临界态上运作,以阵发的、混沌的、类似崩塌的形式演化,并不像通常以为的那样遵循一种平缓的、渐进的演化方式。地震、大灭绝,还有人类的工业革命和社会变革,都是这样的崩塌式演化。

这个理论是由汤超、库尔特·维森费尔德和我本人于十多年前提出来的,并且已被广泛应用于诸如太阳耀斑、火山爆发、经济学、生物演化、湍流,以及传染性疾病如麻疹的传播等现象中。那时以来,已有成千上万篇关于这个理论的学术论文陆续发表。

用来模拟这些千变万化的现象的模型是如此简单,以至于几乎每个人只需凭直觉就能推测出模型所能展现的行为。沙堆模型展现了一堆沙中崩塌的形成。生物演化模型展现了有着相互作用的生态系统的演化。只要有一台 PC 机，你就能够通过编程来领会由简单的局域相互作用导致有组织的整体动力学的原理。

我非常激动地看到我的书已经被翻译成中文。我十分感谢蔡勖教授和他的学生李炜，因为从我的朋友及同事汤超教授那里得知，他们为这本书的付梓做了大量杰出的工作。复杂性科学还处于萌芽阶段，但我打心底里相信它将是 21 世纪的科学。我真诚希望这本书能够激发中国的广大读者，尤其是青年朋友们对这个新奇领域的兴趣，因为他们是这个不断进步着的、伟大的、前程远大的东方民族的精髓和希望所在。

自组织临界性不是复杂性的全部，但它或许打开了通向复杂性科学的第一扇大门！

帕·巴克

2000 年元旦

于哥本哈根，玻尔研究所

前言与致谢

　　自组织临界性是观察大自然的一种新方法。其基本的图像是，大自然在不断地偏离平衡，却又被组织在一种稳定状态中——一种临界状态：各种现象都能按照确定的统计规律发生。自组织临界性科学的研究目的，是回答这样的基本问题，即大自然为什么是复杂的，而不是像物理规律所暗示的那样简单。

　　自组织临界性解释了大自然中存在的看来相当复杂的某些普遍存在的结构。分形结构和灾变事件是其中较为常见的两种表现形式，其应用范围可以从脉冲星和黑洞的研究到地震和生命的演化。理论中一个有趣的结论是，灾变会自然而然地发生。不需要任何外部的触发机制，大灭绝也会发生，譬如火山爆发或者陨石撞击地球（尽管理论上不能排除这些现象实际发生的可能）。

　　自我们于1987年首先提出这个想法以来，已有2000多篇关于自组织临界性的论文发表，这使得我们的论文成为那个时期在物理学领域被引用最多的文献。《大自然如何运作》是针对这个课题的第一部著作。其基本思想很简单，实现理论所采用的大多数的数学模型也不复杂。只要稍微懂一点计算机的操作并拥有一台PC机，任何人都可以自己建立模型去验证其预言，通常不需要高于普通高中的数学知识，有些计算机程序可以从网上获取。某些沙堆实验做起来不太费力，也不用花太大的代价，读者自己都可以试一试。与物理学中的其他课题不一样，用不着通俗化，自组织临界性科学的基本思想已简单到足以为非专业的读者所理解。

许多朋友和同事在我从事研究和完成本书两方面都给予了帮助。科学变得非常有乐趣 —— 我特别要感谢库尔特·维森费尔德和汤超，我与他们合作建立了最初的想法；感谢陈侃、金·克里斯滕森、玛雅·帕祖斯基、兹·奥拉米、谢尔盖·马斯洛夫、迈克尔·克罗伊茨、迈克尔·伍特福德、迪米特里斯·斯塔西诺普洛斯和荷西·沙因克曼，他们参加了随后的研究，并把这个想法引入生活，应用于大自然的许多不同现象。感谢伊莱恩·维森费尔德画了图1沙堆所示的自组织临界性的标志图；里卡德·索莱画了图9的牵狗图；阿奇·约翰斯顿提供了图2；杰恩斯·费德和他的小组提供了图6以及他们的米堆实验图；弗雷特等人提供了图15～17和彩图4；丹尼尔·罗思曼和约翰·格罗青格提供了金斯顿山峰的照片，图18；彼特·格拉斯伯格提供了沙堆模型的办公室版本，图13；帕罗·迪欧达迪提供了斯特诺波利的声辐射测量的原始图，图23。彩图1中令人印象深刻的沙堆模型图和彩图6～8的"生命游戏"出自迈克尔·克罗伊茨之手。

还有许多人帮助我提高了这份手稿的文字质量，遗憾的是，科学期刊所需的简洁和精确并不适合于更广泛的受众。首先，我要感谢玛雅·帕祖斯基和吉姆·尼德尔，他们花了大量时间帮助组织材料，并完善叙述。我的孩子蒂纳、雅各布和托马斯检查了手稿作为非专业著作的可读性，根据他们的建议，我对几处表述模糊的章节做了修改。最后，我还要感谢 Copernicus 出版社的杰里·莱昂斯，威廉·弗鲁赫特和罗伯特·韦克斯勒在手稿完成的每一步所给予的巨大帮助。

目　录

第一章 复杂性与临界性

　　大爆炸时只有几种基本粒子的宇宙，是如何演变出生命、历史、经济和文学的？这个问题虽然很少被问，却亟待回答。为什么大爆炸不形成一个简单的粒子气体或凝聚成一个巨大的晶体呢？我们对周围的复杂现象习以为常，因而想当然地没有寻求更深层次的解释。实际上，到目前为止，科学很少致力于了解自然为什么是复杂的。

　　我认为自然界的复杂行为反映了有许多组分的大系统有着向一种亦是临界态的稳态演化的趋势，这种稳态对扰动非常敏感，微小的扰动即有可能产生各种不同尺度的响应，又称为"崩塌"。大多数的改变是通过灾难性的事件，而不是通过遵循一种平和渐变的路线来实现的。朝着这种非常微妙的态的演化并没有受到任何来自外部因素的影响。这种态之所以建立起来仅仅是因为系统中的各个元素之间的动力学相互作用：这种临界态是自组织的。自组织临界性是目前所知道的产生复杂性的唯一的普遍机制。

　　为了不至于太抽象，让我们看一看海滩上的孩子让沙粒缓缓落下而形成一堆沙的场景（图1）。开始的时候，沙堆是平的，沙粒停留在落下位置的附近。它们的运动能够用它们的物理性质来理解。堆沙的过程在继续，沙堆变得越来越陡，此时很少有沙粒沿着沙堆滑动。随着时间的推移，沙粒的滑动距离越来越大。最终，一些沙粒的滑动甚至跨越了整个沙堆或沙堆的大部分。在这种情况下，系统远离了平衡，它的行为不再能用单个沙粒的行为来描述。"崩塌自身成为了一种动力系统"，而这一点只有从对整个沙堆的性质的总体描述而不是从对单个沙粒的简化描述才能理解：沙堆是一个复杂的系统。

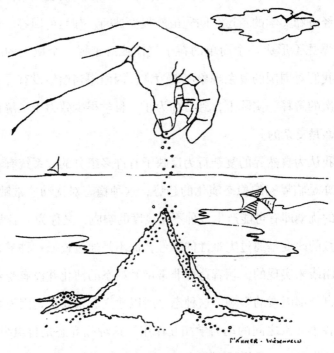

图1 沙堆（伊莱恩·维森费尔德）

　　随处可见的复杂现象表明，自然界是建立在自组织临界态上的。临界沙堆的行为模拟了许多和复杂性有关的学科中所能观察到的一些现象。不过在论证事实确实如此之前，让我们试着弄清问题的定义。什么是复杂性？以往的科学家和其他人是如何提出这个问题的呢？

简单的物理定律与复杂的大自然

从大爆炸开始，宇宙就已被假定为按照物理定律演变。通过分析实验和观察到的现象，物理学家已经非常成功地发现了这些定律。物质的最内部的秘密已经被揭示到了越来越小的尺度。物质包含原子，而原子又由更基本的粒子如电子、质子、中子组成，而这些基本粒子又由夸克和胶子组成，等等。自然界中的所有现象，从最大的由宇宙标识的尺度到最小的由夸克代表的层次，都应被同样的物理规律所解释。

譬如，牛顿第二定律 $F=ma$，它仅仅告诉我们，如果一个物体受到一个外力的作用必定要相应产生一个加速运动。这个简单的定律足够用来描述一个苹果是如何落到地上的，行星如何围绕太阳转动，以及星系是如何互相被引力吸引的。麦克斯韦方程描述了电流和磁场之间的相互作用，让我们知道电车或发电机是如何工作的。爱因斯坦的相对论表明，当一个物体高速运动时牛顿定律应当予以修正。量子力学告诉我们，原子中的电子只能处在有着特定能量的那些态上。电子可以从一个态被激发到另一个态，而不需在其之间花费任何时间。

这些物理定律是相当简单的，用写在几张纸上的数学方程就足以描述它们了。然而，解这些方程所涉及的数学，即使是在简单的情形下也可能相当的复杂。当有两个以上的物体要考虑时就更难了。例如，计算在其他行星和太阳的引力场中的两颗行星的运动就极其困难。这个问题不能用纸和笔解决，就算在计算机的帮助下也只能求近似解，但是这通常被认为是一个实际上的问题而不是一个基本的物理问题。

物理的哲学思想从一开始就是"还原论"：我们周围的世界能够用简单的砖块方式来理解。甚至希腊人认为这个世界只是由几种元素组成的。一旦我们把整个世界分解至最基本的定律，并且发现了最基本的粒子，工作也就完成了。一旦我们完成了这项伟绩，物理的角色——"科学的国王"就结束任务了，舞台就要留给"较次"的科学，如地球物理、化学、生物学来整理结果。

在某些特例中，物理学家们已经成功地解释了包含原子、分子或电子等系统的行为。例如，晶体的行为，其中数以百亿计的原子规则地占据着一个有着规则周期的晶格的行与列，从物理的定律出发相对来说是容易弄懂的。晶体是"有序"系统的一个最佳例子，其中每个原子在一个规则的周期点阵上都有其明确的位置。晶体能被精确地理解是因为它从任何位置看都一样。

与晶体截然不同的是气体，它也是由许多原子和分子构成的。气体能被理解是因为其中的分子很少通过相互撞击而发生相互作用。和晶体中原子规则地位于晶格上相反，气体中的原子组成了一个随机的、无序的系统。而且，这个系统由于它的均匀性而容易处理。气体处处看起来都一样，尽管单个原子在某个特定时间处在不同位置，又以不同速度朝着不同方向运动。总体看来，所有原子的行为是一样的。

然而，我们不仅仅生活在一个简单的、乏味的世界中——

一个由绕着其他行星转动的行星、大量规则的晶体、简单的气体和液体组成的世界。我们每天遇到的不仅仅是苹果落地的现象。如果我们打开窗户，我们会看到一幅完全不同的景象。地球的表面是由山脉、海洋、岛屿、河流、火山、冰川和地震带组成的一个复杂的大整体，它们各自有着自己的动态特性。不像非常有序或非常无序的系统，地貌随着时间和位置的不同而变化。正因为有这种变化，我们通过研究周围的局域地貌就能了解我们自己所处的方位。我将把有巨大变化性的系统称为"复杂系统"。这个巨大的变化性可能存在于一个广阔的长度尺度的范围里。如果我们不断放大，或观察得越来越仔细，我们会在每一层放大时发现变化，同时越来越多的新的细节会出现。宇宙中存在最大尺度的变化性。几乎每周就会有一份关于以前未被发现的现象的报告，从绕地球旋转的哈勃望远镜或行星间的人造卫星传来。复杂性是一个"中国盒子"现象，在每个盒子中都会有新的惊奇。人们已经尝试过许多定量的、普适的复杂性的定义，但是没有成功，因此我们将复杂性简单地想成变化性。晶体和气体以及做轨道运动的行星不是复杂的，但地貌是复杂的。

　　似乎在天文学和地球物理学中看到的变化性是不够的，复杂性还包含更多的层次。数量巨大的不同物种和数以十亿计的个体在地球上演化，伴随着彼此之间以及不同环境之间的相互竞争和相互影响。在生物学的极小的一个分支的末端我们发现了我们自己。我们能够辨认其他人是因为我们彼此有区别。人类的身体和大脑是由细胞相互作用的一种复杂系统组成的。大脑可能是最复杂的一个系统，因为它能够反映复杂的外部世界。我们的历史，包含着剧变、战争、宗教以及政治体制的记录，已组成另外层次的复杂性，包括现代人类社会，其中的经济由顾客、商人、盗贼、政府和经济学家组成。

因而，我们实际上所观察到的世界充满了各种结构和惊奇。变化性是如何从简单不变的定律中涌现的呢？我们所观察到的周围的大多数现象看起来离物理的基本定律有很大的距离。试图从粒子物理出发并通过所有粒子的轨道，来详细地说明大多数自然界现象，是一种徒劳。世界上所有的计算机联合起来的力量甚至都达不到完成这样一项任务所需的容量。

事实上，"物理定律决定一切"（它们是确定性的）的说法是不合适的。最近两个世纪里物理学的突飞猛进与现代高速计算机的进展曾经给予我们的，一切现象都能从"第一性原理"予以理解的幻想，已经完全破灭了。大约三十年以前①，在计算机时代的初期，人们进行了相当广泛的努力，提出了"增长的极限"，其目标是进行全球预测。它的首要目标是能够通过对某些因素的分析，预言人口的增长及其对自然资源供给的影响。这项工程不幸失败了，因为结果依赖于某些隐藏的未知因素。也许全球气温升高的预言陷入了同样的境地，尽管我们能很好地了解天气变化的物理规律，但我们是在一个复杂系统中处理长时期的预报。

物理定律能够解释苹果是如何下落的，但不能解释为什么牛顿，作为复杂世界的一部分，正在观察那个苹果。物理定律也解释不了苹果的来源。尽管我们最终相信所有的复杂现象，包括生命，的确遵从物理定律，我们还是不能够架起一座桥梁——从

---

① 指20世纪70年代。——译者注

我们知道的物理定律适用的原子，经过复杂的有机分子的化学作用，到细胞的形成，以及到那些细胞构成生命组织的排列。至今没有任何事实证明，某个形而上的，不遵循物理定律的过程能把活的事物与其他事物区分开来。人们也许会想，是否事物的这种形态表明，我们不能找到一种普遍的"自然界的定律"来描述为什么我们实际观察到的周围的普通事物是复杂的而不是简单的。

"复杂性从简单物理定律中而来"这一问题，也许是最大的谜，但直到最近它才成为一门活跃的科学。一个原因是高速计算机的出现，它在这门学科中至关重要，以前总的来说是无法实现高速运算的。然而直到现在，复杂性科学仍然受到许多人的质疑——现在还不清楚任何普遍的结果能否有用，因为每一门学科在它自己的领域内都运作得很好。

因为我们还不能直接弄清某个层次上呈现的复杂现象是如何来自更深层次的物理机制的，科学家们有时便撒手不管，把这些现象称为"涌现"。它们几乎无处可以依托。地球物理从天体物理中涌现出来，化学从物理中涌现出来，生物从化学和地球物理中涌现出来，等等。每一门科学都发展它自己的专门术语，并且随着它自己的目标和概念而发展运作。地球物理学家谈论地质构造平面运动和地震时并不以天文物理学为参考，生物学家在描述物种的性质和演化时并不以地球物理学为参考，经济学家在描述货币交换时并不以生物学为参考，等等。他们那样做一点也没错！因为这些现象看起来难以对付，没有其他方法可行。如果大自然中没有新现象能从更低层次系统的动力学中涌现，那么我们不再需要别的科学家，而只需要粒子物理学家就够了，因为不涉及别的领域。但那时也不再需要粒子物理学家了。从某种意义上来说，质是从量中涌现的 —— 如何涌现的呢？首先，让我们回顾一下早年关于复杂现象所做的一些尝试。

讲故事与科学

物理中的还原论 —— 详细的预言，然后与可重复实验比较 —— 这种方法在大的科学领域是不适用的。如何处理这个问题已经由卓越的古生物学家和科普作家斯蒂芬·杰伊·古尔德在他的《美好的生命》这本书里做了详细的说明：

> 当科学家们试图解释历史的结果，那些在不寻常的历史中只发生过一次的极其复杂的事件，他们该如何去做？自然界中的大领域 —— 宇宙学、地理学，以及它们之中的演化 —— 必须用历史的工具加以研究。合适的方法是把注意力集中在叙述上，而不是通常所设想的实验上。

古尔德坚持认为许多科学领域只能用"讲故事"的方式加以研究，因为许多单个的和不可预料的事件的结果是偶然的。演化或古生物学上的实验是互不相关的，因为没有什么东西是能够被再现的。历史，包括演化的历史，也仅仅是"一件又一件该死的事情"。我们可以事后来解释那些已经发生的事情，但是我们不能预言将来会发生什么。丹麦哲学家索伦·克尔凯郭尔在他的名言中表达了同样的观点："生命是后来领悟的，但它必须向前延伸。"

习惯上科学已被划分为两大类：硬科学，其中可重复的事件可以通过那些反映自然界法则的数学表达式得以预言；软科学，因为它固有的变化性，只有其中那些对引人注目的事件的叙述性描述是可能的。物理学、化学以及分子生物学属于硬科学；历史学、生物演化和经济学属于软科学。

古尔德把事物的变化性，以及因而导致的复杂性，正确地归因于偶然性。历史事件依赖于极其偶然的事件，因此如果历史的录像带被重放很多次，而每次的初始条件设置都有微小的差别，那么每次出来的结果差别会很大。偶然事件的神秘出现所导致的戏剧性的结果，吸引了众多历史学家，并且启发了许多科幻作家。现实生活对偶然事件的依赖性允许科幻作家有很大的自由度，但又不失其可信度。

历史学家通常用一种叙述性的语言来解释已发生的事件：事件 A 导致事件 B 以及事件 C 导致事件 D。然后，因为事件 D，事件 B 导致了事件 E，然而如果事件 C 不曾发生过，那么事件 D 和 E 都不会发生。历史的进程将会变换到另一连串的事件，而在事后看来，这一连串事件也同样可以用另外的叙述来解释。美洲的发现包含一长串的事件，对实际的结果来说每一个事件都有其关键的历史重要性：哥伦布的父母必须在一起，哥伦布必须得生下来，他必须到西班牙获取资助，天气必须非常合适，等等。历史是不能预料的，但并不是不能解释的。用这种方法做科学没有任何错，这种方法的目的是对特定事件做准确的、叙事般的记录。事实上正是偶然性对于历史事件决定性的影响才让这些科学变得有趣。总是有更多的惊奇等着我们。相反，简单的可预料的系统，例如苹果的落地，过一段时间以后就会变得乏味了。

在软科学中，偶然性是普遍的，详尽的长期预言是不可能的。例如，演化生物学就不能解释为什么会有人类和大象。我们今天所看到的生命恰恰是源自大量同样几乎不可能的事件中的一种。例如，如果某颗小行星没有撞击地球，那恐龙可能就不会灭绝，那样的话地球上的生命会完全不同。一个不可能发生的事件是有可能发生的，因为有这么多能发生的不可能事件。

是历史和生物的什么潜在性质使得它们对微不足道的偶然事件如此敏感？换句话说，是怎样的潜在性质导致了在这些动力系统中各种事件相互关联了起来并进一步产生了复杂性？为什么"黑天鹅"事件能够发生？为什么科学被划分成不同方法和类型的两个完全分离的部分，因为从以前的假设来看，所有的系统从最终来说都遵从自然界同样的定律。

在进入这个理论的细节部分以前，让我们从总体形式上来考察一下复杂科学所能做的事情。

复杂性理论能解释什么？

如果我们在软的、复杂的科学中能做的只是跟踪事件并通过大量的计算做短期的预言，那么软科学中就不会有物理学家的位置，他们就应当优雅地把舞台让给那些对自己专业有详尽了解的"专家"。如果一个人不能预言任何特别的事，那这又有什么意义呢？

1995 年 1 月在伦敦的林奈学会举行了一场引人注目的辩论会，一方是圣菲研究所的生物学家斯图尔特·考夫曼，另一方是《演化理论》（*The Theory of Evolution*）的作者，英国苏塞克斯大学的约翰·梅纳德·史密斯。史密斯声称他并不觉得复杂性的主题很有趣，准确地说是因为复杂性理论没有解释自然界中任何具体的事实。

毕竟，只需要几个方程就能描述物理学的基本规律，而复杂系统的多样性以及不确定性确保了这是不可能的。至多，这个理论能解释为什么有多样性，或者可能产生的结果，而不是某个特定系统的特定结果会怎么样。这个理论永远不可能预言大象。即便是在最乐观的情形下，将来也会有历史学家和科幻作家的位置。

如果我们要构建一个复杂系统的普适性理论，那将必须且必然是抽象的。例如，一个解释生命现象的理论原则上说必须能够描述演化的所有可能的情形。它应当能够描述火星上的生命的机理，如果火星上的确会有生命的话。这是极其需要小心的一步。可能我们构造的任何普遍的理论都不能把实际的物种作为特定的参考。这个模型，也许甚至不涉及基本的化学过程，或者也不能涉及我们所知道的构成任何生命的 DNA 分子。

我们应当学会从仅仅看看事情的本身这种方式中解脱出来！这是一个有颠覆性的科学观点！如果遵循传统的科学方法，把重点放在对细节的精确描述上，我们就失去了洞察力。生命的理论有可能是关于过程的理论，但肯定不是对那个过程中的所有的偶然细节的详细描述，例如人类的出现。

正因为如此，这个理论必须是统计的，因而不能产生特定的细节。演化理论的许多部分，正如梅纳德·史密斯的书中所呈现的，是用事件来明确表达运作着的各种机制。逸事会带有权重，只有足够多的逸事聚集起来才能形成一个统计的描述。收集逸事般的证据只能是一个中间的目标。在医学上，很久以前人们就认识到只有以大量的、统计量可观的观测为依据，单个医生的观测才能作为证据。对任何科学努力来说都是必要的、存在于理论与实验或观察结果之间的冲突，通过比较普遍模式的统计性而发生。

因为任何一个这样的理论都只能是抽象的并且只具有统计上的意义，而地球物理学家、生物学家和经济学家们更期待一个理论可以更好地刻画现实世界的现象，所以不难理解他们对此的反感。

在现今这个物质世界，也许太多的重点放在了对科学的细节性的预言或预告上。在地球物理中，重点被放在了预报地震或其他重大的灾难上。科研资助是根据预算机构和评审人判定成果会取得的进步而予以提供的。这就会导致假冒行为甚至行骗，更不用说有成就的科学家的补助金被抢走。同样，经济学的重点是预言证券价格以及其他经济指标，因为准确的预报允许你赚钱。没有太多的努力曾投入于用一种无倾向性的、客观的方式来描述经济系统，正如同人们描述蚂蚁的巢穴那样。

实际上，物理学家们习惯了同概率理论打交道，因为一项实验的特定的结果是不能预料的——只能知道一些统计特性。物理学中的三个基本理论都有统计的特性。首先，统计力学研究的是处于平衡态的大型系统，例如我们周围空气中的气体原子。统计力学告诉我们如何计算组成气体的许多原子的平均性质，例如温度和压强。这个理论没有告诉我们所有单个原子的位置和速度（而且无论如何我们也不会关心到如此程度）。其次，量子力学告诉我们不能同时测定一个小粒子，如电子的特定位置和速度，而只能测定某个实验中在某个特定的位置发现某个粒子的概率。再次，我们极为感兴趣的只是许多电子的平均性质，例如通过一根导线的电流，这同样是可预测的。最后，混沌理论告诉我们许多简单的力学系统，例如周期性摆动的钟摆，也可能显示出无法预料的"行为"。我们无法精确知道经过一长段时间后钟摆的位置会在哪里，无论我们对它的运动方程和初始状态了解得多么清楚。

正如哲学家卡尔·波普尔指出的那样，能否做出预言是我们区分科学和伪科学的最好的办法，预言实际现象的统计性而不是预言某个特定的结果，是处理理论与观察结果之间冲突的一条相当合理而又普遍的途径。

为什么生物学、经济学以及地球物理学与物理学如此不同？这是因为在这些领域中系统产生的特定结果是重要的。作为人类，我们关心的是系统的特定状态。我们不仅观察许多小的不可预料的事件的平均性质，更着重观察的是某个特定的结果。我们可能了解地震的统计性质，例如平均每年在一个特定的区域中的某个特定震级大小的地震的平均数量，这个事实对那些已经遭受了巨大的、毁灭性的地震灾难的人们来说没有任何安慰。在生物学上，重要的是，恐龙经过大灭绝事件后消失了，为我们留下了生存的空间。

从心理学的角度来说，我们倾向于视我们自己的处境为独特的。从感情上来说，视我们的存在仅为亿万个其他存在中的脆弱的一个，是无法令人接受的。可能会同时存在多个宇宙，这样的观点是很难被接受的，尽管它已被多位科幻作家所采纳。之所以理解我们这个世界会有一些困难，是因为我们没法拿它同别的比较。

我们不能解决不可预料性的问题。克尔凯郭尔的哲学代表了地球上生命的基本的和普遍的情形。因此怎么能有一个关于复杂性的普适理论呢？如果这样一个理论不能解释任何特定的细节，那么这个理论又企图解释什么呢？准确地说，一个人怎样才能对照理论和事实呢？没有这关键的一步，就不能有科学。

幸运的是，在个别学科中有一些无处不在的、普遍的、经验性的现象，是无法通过这些特定科学领域内所发展的系统所理解的。这些现象就是灾变性事件的发生、分形、$\frac{1}{f}$ 噪声以及齐普夫定律。一个普适性的复杂性理论首先得能够解释这些普遍存在的现象。为什么它们是普适的，也就是，为什么它们会在任何地方都出现？

灾变遵循一种简单的模式

由于其综合性的特征，复杂系统能产生灾变的行为，在这种情形下，系统的某个部分能以多米诺骨牌效应的方式影响其他部分。地壳的裂缝正是以这种方式传递，并由此而形成地震的，这当中伴随着巨大的能量。

研究地震的科学家们把每个事件都同其他事件隔离开来，并

对它们进行个别的、叙述性的描述，从而寻找"大事件"的特别
机制。尽管如此，给定大小的地震的数量遵循一种不可思议的简单
分布函数，也就是众所周知的古登堡－里克特定律。事实上，每个
时刻大约有 1000 个在里克特标度上大小为 4 的地震发生，有 100 个
大小为 5 的地震发生，有 10 个大小为 6 的地震发生，等等。这个规
律显示在图 2（a）中，它显示了 1974 年至 1983 年间美国东南部的
新马里兰地震区中各种大小的地震的数量。图 2（b）显示了地震
发生的位置，点的大小表明了地震的量级大小。包含在这些图中
的信息是孟菲斯州立大学的阿奇·约翰斯顿和苏珊·纳瓦收集的。
它的标度是对数的，其中垂直坐标上的数字是 10、100、1000 而不
是 1、2、3。在这个图上，古登堡－里克特定律表现为一条直线。

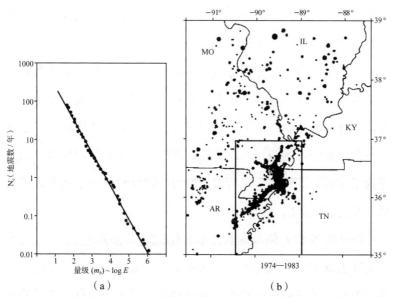

（a）　　　　　　　　　　　　（b）

图 2（a）1974 年至 1983 年间美国东南部的新马里兰地区地震大小的分布，由孟菲
斯州立大学的阿奇·约翰斯顿和苏珊·纳瓦收集。这些点显示了量级大于给定的 m 的
地震的数量。这个简单的定律就是众所周知的古登堡－里克特定律。（b）显示了地震
的方位分布。点的大小代表了地震的量级大小。

水平 x 轴也是对数的，因为量级 m 测量的是地震所释放出来的能量（E）的对数而不是能量本身。因而，量级为 6 的地震的强度是量级为 5 的地震的强度的十倍，而量级为 4 的地震的强度又是量级为 3 的地震的强度的十倍。量级为 8 的地震的能量要比量级为 1 的地震的能量高一千万倍，而后者相当于一辆大型卡车通过时造成的结果。利用全球通用的地震分类，我们可以把直线拓展到量级为 7 级、8 级及 9 级的地震的情况。这个规律是令人惊奇的！一个像地球的表面——有山峰、山谷、湖泊，以及充满巨大变化的地理结构一样复杂的系统各部分的动力是如何像魔术一样产生如此简单的规律的？这个定律表明，大地震并不占有特殊的地位，它们和小地震一样遵循同样的规律。因此，人们似乎不应当设法找到对大地震的特定的解释，而是应当找到涵盖所有地震的普遍理论，无论这些地震是大还是小。

古登堡－里克特定律的重要性不言而喻。自然界中存在如此简单的经验规律，这进一步激励了我们去寻找一个关于复杂性的理论。这样的一个理论将用来补充那些不关心整体图像而只是把注意力放在细节的观察，以及在特殊的大地震和断层地带方面做理论工作的地球物理学家所做的努力，即针对每一个地震，或是每一个断层都提出一种解释。

C. 奥菲瑟和 J. 佩奇在他们那本有趣的《地球的故事》中讨论了地球上众多的灾变现象，包括洪水、地震以及火山爆发的规律性，为我们了解地球运转的基本机制提供了一个信息，这里的规律性是我们为了处理那些现象（或许去了解为什么我们无法处理它们）而必须解决的。

在经济学方面，也存在一个同古登堡－里克特定律一样的
经验性的规律。纽约 IBM 沃森中心的本华·曼德博在 1996 年指
出，证券、棉花以及其他商品价格高低波动的概率，遵从一种非
常简单的分布，也就是所谓的列维分布。曼德博收集了几年中棉
花价格逐月波动的资料，然后计算出月波动在 10% 到 20% 之间
多久出现一次，5% 到 10% 之间又是多久出现一次，并且把这些
结果画在一个对数图上（图 3）。正如约翰斯顿和纳瓦计算出每
种量级的地震有多少一样，曼德博计算出一个给定的价格波动对
应的月份有多少。注意从小的波动到大的波动的平滑过渡。价
格波动的分布近似地遵从一条直线，一个幂律。价格波动是无标
度的，即波动没有典型的尺寸，正如地震没有一个典型的特征
大小。

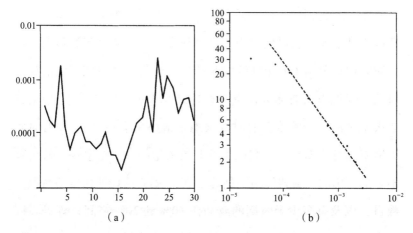

图 3 （a）30 个月之内棉花价格的月波动（曼德博，1963）。（b）曲线显示了相关波
动超过给定比例的月份的数目。注意从小的波动到大的波动的平滑过渡。直线表明了
幂律。其他商品遵循同样的模式。

曼德博研究了几种不同的商品，并且发现它们都遵循一种相
近的模式，但是他并没有追溯他所观察到的规则行为的根源。经

济学家们大多忽略了曼德博所做的工作，主要是因为它与被经济学家们普遍接受的理论并不相容。他们希望摒弃大的事件，是因为这些事件能够被归因于特定的"不常见的情况"，例如贸易计划所导致的1987年10月经济大崩溃，以及购买力过剩所导致的1929年的经济大崩溃。偶然性是统计中常常争论的话题。经济学家们通常在分析之前剔除或者删去那些带偶然性因素的资料。那些只发生过一次的事件怎么会遵循一个普遍的理论呢？然而，大事件和小事件遵循同样的规律这个事实表明，那些大事件并没有什么特别之处，除了它们可能带来的毁坏性的后果之外。

同样，芝加哥大学的戴维·劳普教授指出：在生物演化进程中的灭绝事件遵从一个平滑的分布，其中大的事件亦遵从这一分布，例如白垩纪恐龙和其他一些物种的灭绝。他用到了杰克·斯别科斯基收集到的资料，而后者花了"在图书馆中的十年"研究数以千计的海洋物种的化石。斯别科斯基以400万年为范围，把地质时代划分为150个连续的时期。对于每一个时期，他估算出自前一时期以来有多大比例的物种已经灭绝（图4）。这种估算是灭绝率的一个测度。有时候灭绝率很小，不到5%，而有时候灭绝率超过了50%。著名的恐龙开始灭绝的白垩纪事件，甚至算不上最突出的。劳普简单地估算了其中灭绝率不到10%的时期的数目，以及有多少个时期的波动在10%到20%之间，等等。同时他作出了直方图（图5）。这和曼德博对棉花价格的分析同理：灭绝率代替了价格波动，400万年间隔代替了月份间隔。直方图的趋势是平滑的，这当中数量较多的小事件平滑地过渡到数量较少的大事件。

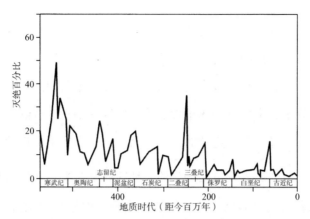

图4　J.斯别科斯基所记录的在过去6亿年间生物的灭绝情况，他花了十年的时间在图书馆的化石记录中收集资料。曲线显示出经过大约400万年之后开始灭绝的物种的大致百分比。（斯别科斯基，1993）

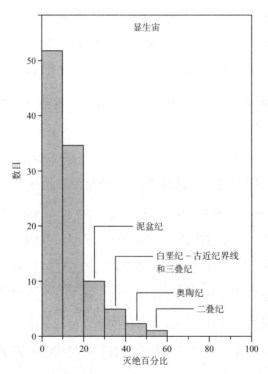

图5　劳普所绘的图4中的灭绝事件的直方图，显示了在400万年间某个给定范围的灭绝率的数目[1]。大的灭绝事件出现在曲线的末端。

---

[1] 斯别科斯基划分了总共150个时期。

尽管大的事件以一定的概率出现，但这并不意味着这个现象是周期性的，如同劳普认为的那样。长时期没有发生地震这个事实并不意味着将有地震发生。这种情形和用来赌博的轮盘转动一样：尽管平均来说隔一次出现黑子，但这并不意味着红子与黑子交替出现。经过七次连续的红子之后，下一次黑子出现的概率仍然是 $\frac{1}{2}$。对地震来说也是一样的。地震在某个平均间隔内发生并不意味着它们是周期性的。例如，战争平均每 30 年就会爆发一次，这个事实并不能用来预测下一次战争，因为间隔的方差是巨大的。

特定的叙述可以解释每次大的灾变，但是规则性 —— 不要同周期性混淆 —— 表明所有尺度上的事件都遵从同样的机理，从每天都发生的灭绝到最大的一个事件 —— 寒武纪大爆发，它导致了 95% 以上的物种的灭绝，而且幸运地导致了足够与其相补的数目的物种的诞生。

灾变的发生是相当令人吃惊的。它们与均变论，或称渐变论，形成鲜明的对照。这种理论于 20 世纪在地球物理学家查尔斯·莱伊尔的《地质学原理》（*Principles of Geology*）一书中初见端倪。根据莱伊尔的理论，所有的变化都是由我们在此刻观察到的过程引起的，这些过程一直都以相同的速度进行着。例如，莱伊尔认为地貌是由渐进的过程形成的，而不是由类似诺亚洪水的大灾难形成的，而且我们今天看到的地表特征是由缓慢的持续过程造成的，随着作为"巨大的能动者"的时间的流逝最终导致的大变化。

莱伊尔的同一性观点从逻辑上来说是完美的。物理定律总是表示为平滑连续的方程。由于这些定律应当描述所有事物，因此，我们期待观察到的现象也应当以一种平滑的和渐进的方式变化。一个对立的哲学——灾变论，声称变化大多通过灾难性的事件发生。由于灾变论带着创世论的意味，因而遭到科学界的极力反对，尽管大的灾难确实也发生了。

分形几何

曼德博首先把"分形"这个词用到在所有尺度上都有特征的几何结构上。他是最早观察到"自然界是分形的"这一令人震惊的现象的人之一。图6（a）显示了挪威的海岸线，它显现出峡湾的一个阶梯似的结构，峡湾里又有峡湾，并且峡湾的峡湾里又有峡湾。"一个典型的峡湾有多长？"这个问题没有答案——这种现象被称为"无尺度"。当你观察峡湾的一部分或海岸线的一部分图像时，如果图上没有一把尺子你就不会知道海岸线有多长。而且长度的测量也依赖于用来测量的尺子的精确程度。以英里为单位来测量海岸线长度的"大尺子"比以米为单位来测量长度的精细的"尺子"在测量同一长度时得到的值要小得多。

一种做法就是测量出要铺满整个海岸线需要多少个大小为 δ 的盒子。显然，盒子越小，铺满整个海岸线所要的盒子就越多。图6（b）显示出用大小为 δ 的盒子所测得的长度的对数值。如果海岸线是一条直线，也就是维数为1，那么盒子的数量就会反比于 δ，因此测量出的长度与 δ 无关，从而曲线是平的。当你测量一条直线的长度时，尺子的尺寸是无关紧要的。然而，因盒子得沿着海岸线的弯曲部分排布，所需盒子的数量会快速增加，因而直线有了一个斜率。直线斜率的负数给出了海岸的"分形维数"。分形维数总的来说都非简单的整数。这儿我们得到 $D=1.52$，它表明海岸处于维数为 1 的直线和维数为 2 的平面之间的某种情况。

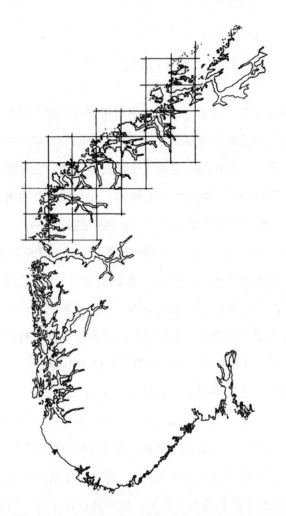

图 6（a）挪威海岸线示意图。注意"分形的"阶梯似的几何特征，带有峡湾，并且峡湾中又有峡湾，等等。曼德博指出地貌通常是分形的。（费德，**1988**）

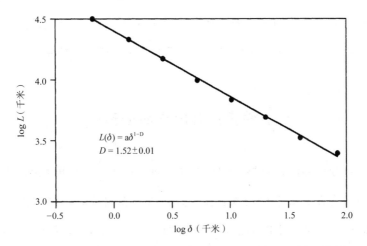

图6（b）海岸线的长度 L 是通过用盒子丈量海岸而测得的，所用盒子就像图6（a）中显示的各种不同长度 δ 的盒子。直线表明海岸是分形的。直线的斜率就是挪威海岸的"分形维数"，D=1.52。

　　一座山脉，包括山顶，其变化可以从厘米到千米。任何尺寸的山峰都不是典型的。同样，有各种尺寸的云彩，并且大的云彩看起来很像是由小的云彩堆积而成的。宇宙包含星系和星系团，以及由星系团组成的团，等等。峡湾、山脉或云并不存在一个"典型的"尺寸是"合适的"尺寸。

　　在分形的几何性质特征化方面，人们已经做了很多工作，但是分形的动力学起源这个问题仍在继续 —— 它们从何处而来？"分形：它的物理在哪儿？"1985年芝加哥大学的利奥·卡达诺夫在一本著名的杂志《今日物理》（*Physics Today*）中这样问道。不幸的是，这篇文章被公认为是对分形的整体概念的一种反问式的摒弃，而不是为理解这个现象所做的合理的呐喊。

　　曼德博的工作与观察到行星绕太阳运行的伽利略的工作有着同等的重要性。正如牛顿定律是用来解释行星的运动一样，我们需要一种普适性的理论来解释自然界中的分形结构。目前物理学中的任何普适定律都没有为分形结构的产生提供任何线索。

$\frac{1}{f}$ 噪声：时间中的分形

与分形类似，自然界中也存在一种被称为 $\frac{1}{f}$ 噪声的现象，即某一信号在频率上分布为幂律。这种现象在自然界中极为普遍，人们在对尼罗河水的涨落，类星体的发光强度，以及高速公路交通的观测中均发现存在这一现象。图 7（a）显示了 80 年间所测得的来自类星体的发光强度。可以看出发光强度既存在在数分钟之内的剧烈变化，也存在在数年内的缓慢变化。实际上，在过去 80 年里这种变化看起来是在逐渐减缓。这种"趋势"在一定程度上误导了我们，让我们以为它的发光强度确实是在逐渐减弱的。

这个信号可以被看作是大大小小的波峰的叠加。它看起来像时间上的一种像山脉一样的地貌，而不是空间上的。这个信号也可以等价地看作所有频率的周期性信号的一种叠加。这也是表明在所有的时间尺度上都有特征。正如挪威拥有大小各异的峡湾一样，一个 $\frac{1}{f}$ 信号也包含各种大小的波峰。它的分频的强度或"功率"在小的频率上反而要大，它的强度与频率 f 成反比。这就是为什么我们要称它为 $\frac{1}{f}$ 噪声，尽管称它为"噪声"而不是"信号"可能会带来误导。一个简单的例子就是行驶在一条交通拥挤的公路上的汽车的车速。各种走走停停的时间长短不一，而时间的长短对应的是交通拥挤的程度。英国地球物理学家 J. 赫斯特

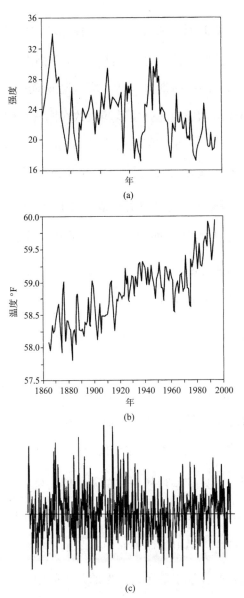

图 7 （a）1887 年至 1967 年的 80 年间从类星体上发出的光波（媒体，1978）。注意快的、慢的，以及中等范围的起伏的模式。这种类型的信号就是我们所知道的 $\frac{1}{f}$ 噪声，并且这种信号在自然界中极其普遍。（b）1865 年至 2000 年的全球温度跟踪（NASA）。（c）为了便于比较，一种"简单的"随机现象 —— 白噪声模式也显示在图中。这种模式没有缓慢的起伏，也就是说没有大的波峰。

花了一生的时间研究尼罗河的水平面。他发现信号仍然是 $\frac{1}{f}$，同时，在短期、中长期和较长的时期都不时出现高水平面。

图 7 还显示了同一时期里全球平均气温波动的记录。在这个记录里，气温增加和类星体强度减弱大致在同一时期。人们可能会得出这样的结论：类星体强度的变化和全球气温的变化是相互关联的，但大多数理智的人并不愿意这样认为。事实上温度的波动也可解释为 $\frac{1}{f}$ 噪声。气温的明显增加可能是一个统计的起伏，而不会成为由于人类活动而导致全球变暖的一个标志。有趣的是，IBM 公司的理查德·沃斯演示了音乐上的变化也有 $\frac{1}{f}$ 谱[①]。也许我们作曲正是为了反映自然。

$\frac{1}{f}$ 噪声和随机的白噪声是不同的，后者在一个时刻的信号值和另一时刻的信号值之间没有任何关联。在图 7（c）中，白噪声模式没有缓慢的起伏，也就是说没有大的波峰。白噪声听起来更像收音机调台时发出的"嘶嘶"声而不是乐音，并且虽然它也包括了所有的频率，但这些频率对于整个信号的贡献都是一样的。另一种极端情况是只带一种频率的单调周期信号。$\frac{1}{f}$ 噪声位于这两种极限情况之间，它复杂而有趣，而白噪声则简单又乏味。令人吃惊的是，尽管 $\frac{1}{f}$ 噪声无所不在，但关于其来源还没有普遍的理解。这已成为物理学中最令人头疼的几个问题之一。有的时候谱不是 $\frac{1}{f}$ 而是 $\frac{1}{f^{\alpha}}$，其中 α 是值为 0～2 的一个指数。这些谱通常也

---

① 功率谱，指的是功率按照频率的某种分布。——译者注

指的是 $\frac{1}{f}$ 噪声。

齐普夫定律

在 1949 年出版的《人类行为和最小努力原则》（*Human Behavior and the Principle of Least Effort*）这本不同寻常的书中，哈佛大学的乔治·金斯莱·齐普夫教授阐述了他在人类起源中发现大量的、振奋人心的简单规律。图 8（a）显示出（大约在 1920 年）世界上有多少个城市的居民人数超过了一个给定的数字。有少数几个城市的人口超过 800 万，有 10 个城市人口超过 100 万，有 100 个城市人口超过 20 万。该曲线在对数坐标上大致是一条直线。注意它和古登堡－里克特定律的相似之处，当然，尽管它们所描述的现象差异很大。齐普夫为许多地理区域作了类似的图，发现它们都有着相同的行为。

齐普夫也统计了一个给定单词在一篇文学作品，如詹姆斯·乔伊斯的《尤利西斯》（*Ulysses*）中，或在一批美国报纸中的使用频率。使用频率占第 10 位的单词（排位为 10 的单词）出现了 2653 次。使用频率占第 20 位的单词出现 1311 次。使用频率占第 20000 位的单词只出现了一次。图 8（b）显示了英语中单词出现的频率与它们的等级之间的关系。使用频率占第 1 位的单词 The，出现的频率为 9%。占第 10 位的 "I" 出现的频率为 1%。占第 100 位的 "Say" 出现的频率为 0.1%，等等。这条值得注意的直线又一次出现了。这些数据是来自报纸还是《圣经》，或是《尤利西斯》都无关紧要 —— 曲线是一样的。在对数图上所作的

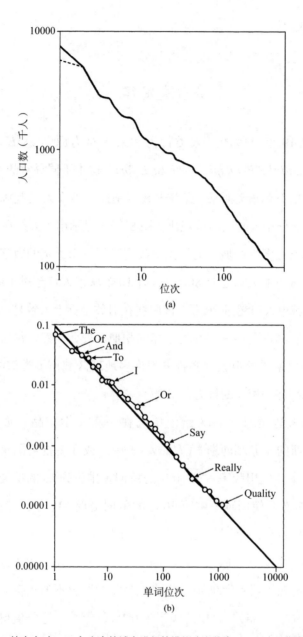

图8 (a) 按大小对 1920 年左右的城市进行的排位（齐普夫，1949）。曲线显示出人口超过一个给定数字的城市的数目，或者说，城市的相关位次比上它们的人口数。(b) 显示了英语中单词的位次。曲线显示出多少个单词出现的次数超过了一个给定的数字。

关于位次与频率之间的、斜率近似为 1 的直线所表达的规律就被称为齐普夫定律。

尽管齐普夫的确曾提及这种规则性源自每个个体试图最小化它的努力，对于怎样从个别层次获得统计结果，他却没有提供任何线索。齐普夫定律以及其他三种现象都是突然出现的，从感觉上来说它们并非潜在的动力学规则的显而易见的结果。

注意，所有观察到的现象都具有统计特征。古登堡－里克特定律描述的是每种量级的地震的数目，而不是在什么时候、什么地点某个特定的地震会发生或确实已发生。齐普夫定律处理的是人口范围给定的城市的数目，而不是为什么某个特定的城市拥有一定数量的居民。不同的定律通过可测量的分布函数得以表达。因而，一个用来解释那些现象的理论必须也是统计性的，正如我们已经讨论过的那样。

幂律与临界现象

某种东西在双对数坐标上是一条直线意味着什么？数学上说来，那些直线被称为"幂律"，因为它们表明了某个量 N 能用另外一个量 s 的幂次表示出来：

$$N(s) = s^{-\tau}$$

在这里，s 可以是地震中释放出来的能量，而 $N(s)$ 就是放出那个能量的地震的数目。s 也可以是峡湾的长度，而 $N(s)$ 就是具有那种长度的峡湾的数目。分形的特征就是幂律的分布赋予的。对上式两边都取对数我们会发现：

$$\log N(s) = -\tau \log s$$

这表明 $\log N(s)$ 和 $\log s$ 的关系在图上表现出来是一条直线。指数 τ 是直线的斜率。例如，在齐普夫定律中居民数超过 s 的城市的数目可表示为 $N(s) = \dfrac{1}{s} = s^{-1}$。它是指数为 -1 的一个幂律。本书中将要讨论的现象基本上都可以用幂律表示出来。标度不变性可以从"直线处处看起来都一样"这个简单的事实中看出来。在某个标度上并没有什么特征使这个标度显得很特别，没有卷曲也没有波峰。当然，这一切并不适用于极小或极大的尺度。没有峡湾会比挪威的峡湾大，也没有比水分子还小的峡湾。但是在这两个极限之间存在着各种尺寸的峡湾。在曼弗雷德·斯科特的美妙的《分形、混沌、幂律：来自无穷的天堂的记录》（*Fractals, Chaos, Power Laws: Minutes from an Infinite Paradise*）一书中，他回顾了自然界中幂律的丰富与辉煌。

因而，把解释复杂系统中呈现的统计特性这个问题转化为数学问题，就是解释潜在的幂律，并且可以进一步转化为指数值这个问题。首先让我们看一看几种不成功的途径。

处于平衡态的系统不是复杂的

物理学家们已在处理大的"多体系统"，尤其是处于稳定平衡的系统时积累了很多经验。由原子组成的气体以及平坦海滩上的沙子都是处于平衡态的大系统；它们是"处于平衡的"。如果一个平衡系统受到微小的干扰，例如在某个位置上一粒沙被推了一下，并不会有什么发生。总的来说，处于平衡态的系统不会展现上面谈到的任何有趣的行为，例如灾变事件，$\frac{1}{f}$噪声以及分形。

只有在一种非常特殊的情况下，一个处在热力学平衡态下的封闭系统存在可以由幂律刻画的行为。我们对处于相变的系统的理解已经有了巨大的飞跃，相变时，例如当温度变化时，系统从无序状态变化到有序状态。在两相的临界点处，系统的各种热力学量都处于一个无标度的状态，即幂律。然而，对于这种处于热力学平衡态的封闭系统，我们必须把温度调得非常精确才能让系统处于临界态。但在实验室之外没有人能把参数恰好调到特定的临界点，所以这种情况没有为自然界中盛行的复杂性的发生提供解释。

过去，有一点已或多或少地得到默认，那就是大的系统，如我们在生物学和经济学中发现的系统，像平坦的海滩上的沙子一样，处于一种稳定的平衡。目前流行的经济理论——均衡理论，认为良好的市场、良好的理性等把经济系统带入一种稳定的纳什均衡状态。在这种状态下，没有任何人能通过任何行动改善他自身的处境。在平衡态中，微小的扰动或震动只会导致微小的变动，只是轻微地改变平衡态。系统的反应和作用强度的大小成正比，对平衡系统来说，这种比例关系是"线性的"。偶然性是无关紧要的。小的突发性事件永远不可能带来戏剧性的结果。平衡系统中大的波动只有在所有随机事件都偶然地往同一方向发展时才可能发生，而这种可能性几乎是没有的。因此，均衡理论不能解释实际上正在发生的事，比如为什么股票的价格会无故产生大的波动。

对于生物学来说，现在并不存在一个普适的均衡理论，不过通常人们认为自然界的确处于一种"均衡"之中。从原则上来说，自然界被认为是守恒的，这种观点激励了环境保护者们。毫不奇怪：在人的寿命时限内，自然环境几乎没有什么改变，因而"平衡"这个概念会显得非常自然或者符合直觉。然而，如果自然界处于平衡，那么我们最初是如何来到这个世上的？如果事物处于平衡，它是如何演化的？从定义上来说，处于均衡或平衡的系统不会向任何方向发展。从演化的观点来看，我们现在所看到的自然界（或在我们开始"污染"环境之前的若干年前的自然界）会有优先发展的方向吗？不言而喻，"自然界处于平衡"这样一种观点和"人类中心"这样一种观点紧密相关：我们的自然世界是"合理的世界"。

正如古尔德和埃德里奇指出的那样，显而易见的平衡只不过是处于"行为间歇爆发"和"旧物种灭亡新物种开始出现"这两者之间的一段宁静或稳定的时期。如果我们以某一物种大小的变化来代表它演化的进程，我们同样常常可以发现演化是通过零星爆发的形式发生的。这种现象被称为断续平衡。断续平衡的概念是复杂系统动力学的核心。巨大的间歇性的爆发在平衡系统中无立足之地，但在历史学、生物学和经济学中无所不在。

上述现象没有一种能被平衡态的理论所解释。而另一方面，我们尚未发展出一套描述大型非平衡系统的普适理论。著名的匈牙利数学家约翰·冯·诺伊曼曾经把非平衡系统的理论称为"非大象的理论"，这意思是说，在这一广阔的领域中并不存在一个唯一的普适性理论。

尽管如此，我们仍然在此试图提出这么一个非大象的理论。我们应当记住这幅图景：一个陡峭的沙堆，产生各种大小的崩塌，与处于平衡状态的平坦沙盒完全不一样。

混沌不具有复杂性

19世纪80年代，人们对简单动力学系统的理解发生了一场革命。一段时间以来人们意识到在多自由度系统中存在混沌行为。无论我们对它们的初始状态知道得多清楚，甚至对控制它们运动的方程有足够的了解，如同我们对周期性间隔内被推动的秋千或单摆的了解一样，我们都无法预测它们将来的行为。

这场革命是由一位与我工作环境类似的科学家 —— 英国生物学家罗伯特·梅推动的，他在此之前构造了一个简化模型来描述捕食者－猎物的动力学。有趣的是，这个模型 —— 虽然极其简单 —— 在一定参数下存在着混沌行为。费根鲍姆为此混沌相变构造了一个简单而优美的理论。在这个模型中，某一年的存活量 x_n 可以通过一幅简单"图像"和来年的存活量 x_{n+1} 联系起来：

$$x_{n+1} = \lambda x_n(1 - x_n)$$

费根鲍姆用一个便携计算器研究了这幅图像。从 x_n 的一个随机值开始，不断利用这个方程来产生随后的年份中的个体数量。参数 λ 如果取值很小，过程最终到达一个固定点，在这之后物种数量不变。λ 取值稍大一点，情况就变成每两年物种数量回到相同的值。如果 λ 取值更大，就变成先是一个四周期循环，然后是八周期循环，直到某个点（费根鲍姆点）就进入了一个完全混沌的状态。在混沌相中，初始数量的一个极小的不确定度随着时间的推移而扩大，使得模型变得完全不可预测。费根鲍姆为这种情形构建了一个美妙的数学理论。这是关于从周期性到混沌这种相变的第一个理论。混沌理论向我们展示了一个简单的系统也能产生不可预测的行为。

混沌信号具有白噪声谱，而不是 $\frac{1}{f}$ 谱。因而可以说混沌系统只不过是一部成熟的随机噪声产生器。如果把 x（或者规则推动的摆的位置）用时间来作图，信号看起来非常像图 7（c）（第 25 页）中显示的噪声。它是随机而乏味的。混沌系统没有关于过去的记忆，因而无法演化。然而准确说来，在临界点的位置上，也就是混沌相变发生的地方，有类 $\frac{1}{f}$ 信号的复杂行为 [图 7（a）]。复杂态位于可预测的周期行为和不可预测的混沌的分界面上。复杂性只存在于某个非常特殊的点上，而在那些真正导致混沌的 λ 值的点上并不存在。复杂性并不是稳固的！由于我们讨论的所有经验现象——分形、$\frac{1}{f}$ 噪声、大灾难以及齐普夫定律——无所不在，因而它们不依赖于温度、压强或由参数代表的某种东西的细微的选择。借用道金斯的一句名言（这句名言是从英国神父威廉姆·帕雷那儿得来的）：自然界是由一位"盲人钟表匠"操纵的，他不能做连续的精细调整。

不仅如此，简单的混沌系统不能够产生像挪威海岸那样的空间分形结构。在主流文献中，你会发现混沌与分形几何的主题一次又一次连在了一起，尽管它们彼此之间毫不相干。这个误区源自混沌的运动能用隐含在抽象相空间中的"奇异吸引子"这样的数学工具来描述。这些奇异吸引子有分形性质，但它们并不是我们在自然界中看到的真实空间中的几何分形。

一句话，混沌理论无法说明复杂性。

自组织临界性

我们这儿谈到的四种现象——灾难事件的规则性、分形、$\frac{1}{f}$ 噪声以及齐普夫定律——在有一点上非常相似，那就是在双对数坐标上它们都表现为一条直线，这就使得我们考虑它们是否仅是同一个原则的不同表示。复杂的行为能够有一个类似牛顿第二定律 $F=ma$ 这样的定律吗？也许自组织临界就是那个潜在的原理。

自组织临界系统演化到复杂的临界态时没有受到任何外界作用的干预。自组织过程发生时经历了一个非常长的暂态时期。复杂行为，无论是地球物理学上的或生物学中的，总是由一个漫长的演化过程产生的。它不能通过在一个比演化过程短的参考时间内研究系统而得以理解。"不懂得历史你就不会了解现在"这句话表达了更深刻、更精确的含义。地震的规律不能够仅仅通过研究在人的寿命时限内发生的地震得以理解，而必须考虑亿万年以来发生的地球物理过程，并且要把我们现在所观察到的考虑在内。生物演化也不能通过在实验室里研究几代老鼠和细菌的演化得以理解。

自组织临界的经典例子就是一堆沙。一个沙堆展示了断续平衡行为，其中由于不断有沙滑下，稳态期被打断。沙的下滑或崩塌是由多米诺骨牌效应造成的，其中单个的沙粒推动一个或更多其他的沙粒从而导致它们下滑。那些下滑的沙粒又轮流地以链式反应的方式和其他沙粒相作用。大的崩塌，而不是逐渐的改变，把质的行为和量的行为连在一起了，从而形成了突发现象的基础。

如果这是现实世界的真实情景，那么我们必须接受生物学、历史学和经济学的观点：不稳定性和大的灾难是不可避免的。由于过去那些特定的不重要事件的结果是偶然的，因而我们也必须放弃详尽的长期决定主义或可预测性。在经济方面，从一种自私的观点来说，我们能尽力而为的就是把灾难转移到邻邦。巨大的灾难性的事件和每天都发生的微小事件都遵从同样的动力学。这种发现和我们通常思考大事件的方式背道而驰，通常的思考方式，正如我们通常所了解的，总是寻找特定的原因（例如一颗下落的陨石导致恐龙的灭绝）来解释巨大的灾难事件。尽管小事件比大事件要多得多，但是系统的改变很大部分都是由大的、灾难性的事件造成的。自组织临界性可以看作是灾难主义的理论依据。

第二章 自组织临界性的发现

1987 年，汤超、库尔特·维森费尔德和我构建了显示自组织临界性的简单而原始的沙堆模型。我们对这个模型做了计算，结果显示一个遵守简单良好的局域规则的系统能够通过自发演化达到某种间断平衡态，且这一演化是由一系列分立的瞬态，而非一条连续的路径组成的。起初，我们的动机并不是真的研究沙堆——正如科学史上的许多其他发现一样，沙堆动力学的发现也是偶然的。本章将描述促成这个发现的一些事件。我们走过了一段相当曲折的路，回过头来看，事情本可以更简单些。

在布鲁克海文

当时我们在布鲁克海文国家实验室工作，这是一个大型的国家实验室，有将近 3000 名员工，坐落在长岛中央，位于纽约市东 60 英里处。它以粒子物理中的一系列发现而闻名，其中好几个发现被授予诺贝尔奖。这儿大多数的研究是在一个大型粒子加速器，即交变梯度同步加速器（AGS）上进行的。1962 年梅尔·施瓦茨和他的合作者利昂·莱德曼以及杰克·施泰因贝格尔发现了一个新的粒子——μ中微子。由于μ中微子和"μ子"的相互作用与μ中微子和电子的相互作用表现得不一样，因而μ中微子是一个新的粒子。这个发现促成了粒子物理中的现代图景的建立，在这个图景中粒子形成不同的代，μ中微子属于第二代。总的来说，已知的粒子有三代。施瓦茨和他的合作者因为这个发现而共享了1988年的诺贝尔物理学奖。紧接着这个工作，在1963年，CP对称破缺被发现了。根据CP对称性原理，当所有的粒子被它们的反粒子代替后物理定律仍保持不变，只是它们的运动被镜像运动所替代。但是人们发现一个粒子——中性K介子有时会衰变成两个π介子，从而破坏了CP对称性原理。基于这个发现，1980年的诺贝尔物理学奖授予了瓦尔·菲奇和詹姆斯·克罗宁。1974年麻省理工学院的丁肇中领导的一个小组发现了J粒子，从而为物质的夸克模型奠定了坚实的基础。在布鲁克海文做的实验中他们首先观察到了一个新的夸克——粲夸克。两年后的1976年，他们就因为这项发现而被授予诺贝尔物理学奖。还有一项诺贝尔奖授予了一个理论发现，即1956年的夏天，李政道和杨振宁先于实验认为CP可能破缺。[①]

作为大设施的补充，和各个主要大学一样，布鲁克海文国家实验室也有一个类似于其他大学的物理系，这就和那些仅仅致力

---

① 这里有点问题，P和CP实际上是两个不同的变换，1956年的论文写的是P violation。所以似乎这里的概括本身就不正确——因为同一个过程里即使P不守恒，CP依然可以守恒。1957年，李、杨的另一篇文章探讨了各种过程中不同变换下对称性是否破缺，其中提到一些CP破缺的相互作用过程。只不过由于一般性的规律是CPT守恒，所以现在里面任意一个变换单独的研究都被归到这个主线里一起说了。——校者注

于开展大型实验的大型国家实验室有所不同。因而布鲁克海文有一种良好的学术气氛。物理系的主要工作都与大设施相关，但是也有着为数不少的独立性的实验和理论研究。

1974 年至 1976 年间我作为一名博士后，加入了一个由凝聚态理论物理学家组成的小型合作组。我来自丹麦，毕业于那里的一所工科大学。这个博士后职位允许我从事当时世界上最热门课题的研究，即与平衡相变有关的临界现象以及有机导电材料，后者即便不包含如铜这样的金属也能导电，它们是塑胶导体。相变上的工作对后来自组织临界性的工作有着重要作用，因为那些工作展示了平衡系统如何体现与标度无关的行为（在极其严格的条件下）。有机导体的主要实验是由世界上最成功的中子散射学家吉·西朗以及他的合作者宾夕法尼亚大学的艾伦·希格和托尼·加兰特在布鲁克海文的核反应器上做的。通过从这些材料中散射出中子，他们获得了低温时结构转变的信息。我们很幸运地有机会获得第一手的实验数据。理论组的负责人维克·埃默里和我为那些最著名的材料构建了一个理论，叫作 TTF-TCNQ。与发现那些材料的希格和加兰特早期的推测完全相反，这种转变和超导（即低温时某些金属让电流畅通无阻的特性）没多大关系。我们的结果得以在当年引用量最多的固体物理杂志上发表。那是激动人心的年代。

在布鲁克海文待了一年之后，我返回了哥本哈根大学。在众多的研究课题中，我开始对具有混沌行为的简单系统的物理产生了兴趣。莫根斯·霍·詹森、托马斯·玻尔（尼尔斯·玻尔的孙子）和我发现了和两个周期系统的锁频有关的普适行为，例如本身带有一种频率的摆又以另一种频率周期性地被推动。从某种意义上来说，自组织临界性是两方面的结合：一方面是我在布鲁克海文所学的关于多粒子临界平衡现象的物理，另一方面是我在哥本哈根所学的简单动力系统的混沌理论。

1983 年我荣幸地在小组中获得了一个永久职位。我们在布鲁克海文的小组比起那些拥有大设施的合作组简直就是小巫见大巫。我们仅有两名资深的科学家，几个助研博士后，以及几名长期和短期的访问学者。也许因为规模很小且相对来说不太显眼，我们就能够做一些基础研究，从而避免了被迫从事所谓应用科学研究的巨大压力，因为在科学委员会官员的眼里，应用科学立马就能得到回报。我们的职责仅仅是弄明白事情的来龙去脉，在过去，我们有做我们想做的任何事的自由，尽管对我们的资助每年都在削减。遗憾的是，有十多年，我们不能以永久性职位聘用新的年轻科学家。讽刺的是，这发生在我们组最成功的那段时间，同样是因为同那些大型合作组比起来，我们几乎不可见。我们获得的资助和我们的科学成果完全不匹配。我们可以坐下来，什么也不做，只等着退休，也不会有任何经济后果。

与大众认知相反，当今好的科学研究通常出自那些只有一两名教授和几位年轻合作者的小组。由巨型粒子加速器和巨型空间发射物所代表的大科学的优势已不复存在，当然也有例外的，如哈勃望远镜。好的想法永远不会同时在 1000 个人的头脑中产生。让我们看一看最近几位诺贝尔物理学奖获得者：发现半导体中的量子霍尔效应的德国人克劳斯·冯·克利青，他所做的研究并不太复杂，只不过是测量了处于电场中的半导体两端的电压和通过半导体的电流；发现高温超导性的 IBM 苏黎世分公司的缪勒与柏诺兹；同样也是 IBM 苏黎世分公司的发明了隧道电子显微镜的罗雷尔和宾宁；以及从事聚合物理学理论研究的巴黎人德热纳。这些物理工作只需花费数十万美元，由几名随心所欲且想象力丰富的科学家组成的小组所开展。确切地说，那些年里也有一些奖授予了"大科学"[①]，但大多数还是授予了以 20 年或更多年前的思想为依据的大项目。好的科学不一定非要是昂贵的科学。

汤超 1986 年从芝加哥大学来到布鲁克海文，在芝加哥大学时因为在晶体生长过程中的斑图形成以及混沌上的一些创见性工作使他成为一名出众的研究生。库尔特·维森费尔德从伯克利来，他在简单动力学系统方面同样做出了出色的成绩，其中的许多动力学系统都显示出混沌的行为。他们都是博士后，正如我在 1974 年至 1976 年时一样。

$\dfrac{1}{f}$ 噪声从何而来？

我们着迷于 $\dfrac{1}{f}$ 噪声这种神秘现象（更合适的说法是，由地球上及宇宙中数不清的源产生出的 $\dfrac{1}{f}$ "信号"）的起源。我们在咖啡屋（布鲁克海文思想碰撞的中心），进行漫无止境的讨论。那儿的气氛非常轻松活跃，这一点对产生有创见的科学思想是很关键的。通常也会有为数不少的科学家路过参加讨论，从而参与了

---

① 指的是包含大科学装置的计划，通常要耗费大量的资金和人力。——译者注

我们的研究，有的时候他们会更直接地与我们合作。好的科学是有趣味的科学。

大多数试图解释 $\frac{1}{f}$ 噪声的理论都是单个系统的特定理论，没有普适性，因而对我们来说这些理论显得不是很令人满意。由于 $\frac{1}{f}$ 噪声现象随处可见，因而我们相信必定存在一个普适的、鲁棒的解释。只有几个自由度的系统（比如单摆，自由度是角度与速度）和平衡系统总体而言是不会出现 $\frac{1}{f}$ 噪声或其他任何复杂行为，因为精细的调整总是必需的。因而我们得出这样的结论：$\frac{1}{f}$ 噪声将是一种合作现象，大型系统的不同组合像交响乐队一样协调、共同作用。事实上，所有 $\frac{1}{f}$ 噪声的源都是那些由许多部分组成的大型系统。例如，尼罗河水平面的波动必定与非洲的地质和气候特征有关，而后者当然不能简化为一个简单的动力学系统。

有一种理论认为，$\frac{1}{f}$ 噪声能与物质的空间结构联系起来。空间中的系统有多个自由度；一个或多个自由度对应于空间中的一个点。系统必须是"开放"的，必须由外部来供给能量，因为能量无法得到供给的封闭系统最终会达到一种没有复杂行为的有序或无序平衡态。然而在那时，关于多个自由度的开放系统的一般性原理并不存在。

苏珊·科珀史密斯的狗模型

这就是 1986 年新泽西贝尔实验室的科学家苏珊·科珀史密斯

访问我们时的情形。访问的前几天她曾打电话跟我说："我有许多新的想法，急着想和其他人讨论。我能到布鲁克海文来给你们做一次陈述吗？我这儿没有任何人可以讨论。"多么让人愉悦！一个小小的会议就开始了，听众只有三个人，库尔特、汤超和我。几年前她就曾和我们一起在布鲁克海文做博士后。

也是在贝尔实验室，她过去与彼得·里特伍德合作，一直致力于固体系统中的电荷密度波（CDWs）的研究。带电密度波可以认为是电荷的一个周期性排列，这些电荷和晶体中的原子的规则格点相互作用。她已经发现了一个简单但十分不寻常的效应。

我们可以用一个简单的比喻来形象地考虑CDWs。这种情形（非常）粗略地等同于一只狗很不情愿地被一根弹性皮带拉着在起伏的路面上行走（图9）。在某些点上狗会滑动，并且从一个凸起处跳到另一个凸起处。因为跳跃过后皮带还会有拉力，所以狗会停在凸起顶部的某个位置上而不是滑到谷底的平衡位置上。狗在顶端附近坐一会儿，直到皮带中增加的张力足以克服狗的摩擦力，于是狗又一次跳跃。这可以被认为是间断平衡的一个平凡

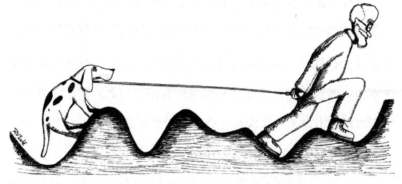

图9 被弹性皮带拉着的狗。狗不时地从一个顶部的附近滑向另一个顶部的附近。（里卡德·索莱）

的例子，尽管这中间没有大事件发生。

这是一个简单的非平衡开放系统，其能量通过皮带从外部获得。实际上，电荷密度波可以被认为是一串粒子（狗），通过弹力连在一起，这些粒子被作为恒力的外部电场"拉着"经过类似搓衣板的表面。苏珊的实验是用计算机模拟的，但我们一起得到了一个数学的理论。我们研究了这样的情形：皮带某个时候被拉紧，然后被允许松开，之后又被拉紧。分析的结果：经过多次脉冲后，大多数的粒子如同狗一样，将停在两个脉冲中间的势的顶端附近。显然位于顶端附近的粒子比那些位于底部的粒子更不稳定。只要轻轻一推就会失去平衡。我们称这种状态为"最小稳定的"。这种理论的结果和平衡系统的行为太不一样了，在平衡系统中，处在势垒中的所有粒子最终都会停在谷底。

研究上述系统的主要原因是近来由贝尔实验室的罗伯特·弗莱明和加利福尼亚大学洛杉矶分校（UCLA）的乔治·格鲁纳发现的相位记忆效应。粒子位于顶部附近，也就是处于最小稳定态，能够完美地解释那个效应。

这样看来，我们确实可能找出非平衡系统的一些完全不同于平衡系统的一般性特征。当然，所导致的结构不会具有任何关于复杂性的信息，也就是没有分形或 $\frac{1}{f}$ 噪声的线索。但是它是对处于平衡之外的大型动力系统的最早的分析，一劳永逸地证明了用平衡术语来考虑那些系统是徒劳的。新思维是必要的。

耦合扭摆

库尔特、汤超和我继续对内部有相互作用的"耦合"系统进行研究。我们具体地观察了一个耦合扭摆的网形系统。图 10 显示了摆被连在一条线上的一维情形。扭摆能绕它们的支撑点全方位地转动，而不仅仅像钟摆那样在它们的平衡位置附近振动。和以前仅对单摆的混沌行为的研究相比，我们此次研究了存在许多耦合扭摆的极限。我们在计算机上把许多摆放在一个规则的二维格点上，相邻的摆通过弹簧连在一块，就如同你在钟表中发现的那样。能量是这样被注入系统的：随机选择一个摆，并且推动它，那样它就会产生一个转动。因为连在一起的摆如网一样延伸，这种推动会通过伸缩弹簧带动邻近的摆，也许会使得一个或更多的摆也开始转动起来。这些弹簧处于松弛的状态；一个摆可能需要转动数次，才能产生足够强的力使邻近的摆也开始转动。我们的系统是"耗散的"。如果一个摆被推动，然后不管它，那么它仅仅会产生一个小小的转动，随后因为存在阻力而停了下

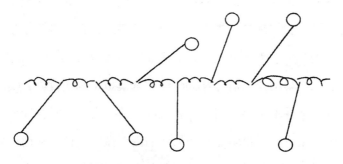

图 10 排在一条线上的耦合扭摆。在周期的间隔内，随便选择一个摆推动，使它产生一个转动。我们研究的是耦合扭摆被排列在二维格点上的系统，在二维格点上，每个摆和四个摆相邻，而不是图中所示的两个。

来。我们可认为摆在糖浆中转动。这和诸如太阳系的那些系统不一样，那些系统永远保持运动状态，因为几乎不存在阻力。

为了简化计算，我们采用一种表示法：只记录转动的次数，即摆的绕数，不去操心转动的确切模式。弹簧的张力取决于邻近弹簧间完整转动次数的差。因为弹簧连在一起，邻近扭动弹簧的绕数不会差得太远。动力学只包含整数，而不包含连续的实数；这种简化大大加速了计算的进程。

简单模型的哲学："球形奶牛"

为什么我们愿意模拟一个由过于简化的摆组成的系统，而不是一个实际的、自然界中存在的某种事物的模型？为什么我们不直接对真实事物做计算呢？

答案很简单：对现实事物进行运算简直是不可能的。人们不能为了研究生物学而把青蛙放进计算机中来模拟它。不论我们是在计算绕太阳转动的水星的轨道、某些分子的量子力学、天气，还是别的什么，计算机只能对科学家头脑中产生的一些数学模式进行计算。我们都是在描画关于世界的模型，只是有些模型比其他的稍稍真实。有时我们认为，我们关于世界的模型如此之好，以至于我们禁不住相信计算机已经完全模拟了真实世界，实际的实验或观察并不必要。当在计算机屏幕前坐得太久时，我们已掉进了一个陷阱。但很明显，如果我们需要做一些计算从而得到精确的定量结论（如关于天气），或准确的预测（如全球变暖的速度），那么要求就比仅仅需要定性行为时要严格得多。这一点不仅对计算机模拟来说是正确的，对那些用纸笔进行的分析，如20世纪30年代遗传学家们进行的分析来说也是正确的。计算机的缺乏使得能进行的计算的种类受到了更严格的限制。例如，过去科学家建构演化理论时，他们就建立了一些简单的演化模型。不是对现实世界中的繁衍与生存的种种可能进行计算，而是把所有这些信息都压缩到唯一的一个被称作适应性的抽象数字中，这个数字才会进入计算中去。我们始终是在处理这个系统的一个模型，尽管许多科学家希望我们相信他们是在对现实系统进行计算，希望我们相信他们的计算结果，无论这些结果是关于全球变暖还是关于世界经济的。

我们所感兴趣的大型动力学系统，如地壳，是如此复杂，纵使我们把世界上所有的计算机都联合起来，我们也不可能期望做一些足够准确的计算来预言下一步会发生什么。为了预报下一次大地震何时何地发生，我们不得不构建一个和加利福尼亚州一般大小的模型。这显然是一个得不偿失的策略。

物理学家的研究方式应当与工程师的互相补充，工程师总是在尝试着对模型加入尽可能多的必要的特性，从而为某些特定现象提供可靠的计算。物理学家的职责在于理解他所研究的现象中包含的基本原理，试图避免那些特定的细节，例如加利福尼亚州的下一次地震。在搞清楚我们该添加多少细节到我们的描述、以精确地复原已知事实之前，我们首先问我们能舍弃多少细枝末节而不丢掉本质的、定性的特征。工程师不大可能有这种奢望！我们的策略是把问题的次要部分都抛开，直到仅剩下精髓部分，并且再没有多余的。我们试图摒弃那些我们认为毫不相干的量。在这一过程中，我们凭着直觉操作。在最终的分析当中，模型的质量在于它对所模拟现象的复原能力。

因而，我们物理学家如何能构建一个合适的模型，如生物演化模型？生物学家可能争辩说，由于自然界中存在有性生殖，因而演化理论必须也必定包括性。物理学家们则争辩说，在有性以前就有了生物，因而可以不去管性。生物学家会指出，由于存在由多细胞组成的器官，因而我们必须解释多细胞生命体是如何演化的。物理学家则说，单细胞生物也存在，因而可抛开多细胞器官不管！生物学家认为，多数生命是以 DNA 为基础的，因此必须弄懂 DNA。而物理学家却认为，也有以 RNA 为基础的简单生命，因而可以不必去管 DNA；他甚至会认为在 RNA 以前必然存在更简单、能复制的化学结构，因而 RNA 也可以不管，诸如此类。在解决的办法是在把婴儿连同洗澡水一起倒掉之前，应停止这个过程！一旦我们已经从简单的模型发现了基本的机制，我们就把这个模型留给他人，让他们添一些"肉"到"骨架"上去，添加更多特定的细节（如果他们愿意这样），从而检验更多的细节是否修正了结果。

对于我们所研究的问题，底层的哲学观点是普遍的特性，诸如大灾难和分形结构的出现，不可能对特定的细节敏感。这是普适性原理。我们希望大尺度现象的重要特征能被那些看起来毫不相关的系统所共有，例如各种经济要素相互作用的网络，或是地壳各个不同部分的相互作用。这种希望通过对自然界中无所不在的经验模式 —— 分形、$\frac{1}{f}$ 噪声以及大事件中的标度性（在第一章中讨论过）的观察得以建立。由于这些现象无处不在，因而它们不可能依赖于特定细节，无论这些细节是什么。

如果我们观察到这种普遍性，那么理论家的梦想就成真了。如果不同种类问题的物理机制是一样的，那么理论家就能选择一类问题中最简单的系统并进行深入细致的研究。人们期待，一个系统非常简单，能在计算机上被有效地研究，或者也许自然界的规律能够通过纸和笔的数学分析从那些精简的描述或模型中推导出来。通过提供简单的类比图像，简单模型还有助于加强我们对现实世界中的事物的直觉能力。

普遍性的概念在过去一直使我们受益匪浅。近年来，这方面已取得了许多令人惊叹的成就。威尔逊因为相变理论被授予诺贝尔奖，该理论通过显示在相变点附近系统的基本性质与问题的微观细节无关，证实了相变理论的普适性。这与我们是在处理液气相变、晶体形变引起的结构相变，还是小的磁针或自旋，都指向同一个方向的磁相变毫无关系。威尔逊的计算是以最简单的相变模型伊辛模型为依据的，当用于更为复杂的实际系统，如在磁性和流体系统中时，与实验相符。

同样地，费根鲍姆对混沌相变的研究是基于一个映射，该映射只能看作是真实"捕食－被捕食"生态系统的过度简化。我认为，无论是费根鲍姆还是梅，都不曾声称这映射能描述实际生物学中的任何东西。费根鲍姆认为，在混沌相变的附近，所有通过无穷序列的被周期分岔实现混沌转变的系统都是一致的。模型的简单性与所得到的结果的深刻性的对比令人吃惊。尽管费根鲍姆的理论是以一个粗糙且过分简化的模型为基础的，但在许多复杂系统中做的实验却已很完美地证实了这个理论。特别值得一提的是，巴黎的阿贝·利卜查伯证实，一种带有旋转对流的液体将会进行一系列相变，从而最终到达一个遵循费根鲍姆定律的混沌态。另一个更简单的例子是以一种固有速度周期性被推开的摆，这种模型我和托马斯·玻尔以及詹森一起研究过。再一次地，现实世界中的行为地（代表真实的可测量的量），能通过对简单模型的计算得以预言。这种现象十分普遍。

因而，科学过程是这样的：我们通过一个简单的数学模型，例如费根鲍姆映射，来描述自然界中的一类现象。我们分析这个模型，要么是用纸和笔做数学分析，要么是做数值模拟。这两种方法没有根本的区别，它们都是用来说明这个简单模型的结果（预言）的。然而通常来说，模拟比数学分析要来得容易，并且在开始解析的思考之前，模拟已经让我们对模型的结果有了一个快速的了解。计算物理并不代表科学研究中除了实验和理论之外的"第三条"路径。除了严格的数学公式比计算机程序更为方便、简洁和优美之外，计算机模拟和数学分析并没有根本区别。接下来我们把结果与实验和观察相比较。如果总的来说是符合的，那我们就发现了在较高层次发挥作用的自然界新规律。如果不符合，我们就没发现新规律。模型是否优美可以通过其自身的简单性和所描述现象的复杂性的距离得以衡量，也就是说，它允许我们对现实世界的描述进行浓缩。

没有普遍性的概念我们的思绪就会很混乱。那样我们就无法发现自然界基本的"涌现"规律，而只能收获一团乱麻。当然，为了证实我们最初的直觉，我们不得不证明我们的模型是鲁棒的，或者说是对改变不敏感的。但如果模型不幸地不具有上述性质，我们就得回到那种混乱的情形，在这种情形下，高度复杂系统的详尽的工程类模型是唯一可行的办法——气象员的方法。

一个故事很好地说明了物理学家们对构建简化模型的痴迷。这个故事讲述的是一位理论物理学家应邀帮助一位农民饲养奶牛，以使其产更多的奶。在相当长的一段时间里，他都没有消息，但最后他突然出现，非常兴奋。"我现在都弄明白了，"他说道，并继续用一支粉笔在黑板上画着，画了一个圈，"考虑一只球形奶牛……"不幸的是，在这个问题里普适性并不适用，我们不得不处理真实的奶牛。

摆系统变成临界的

正是因为存在普遍性，我们才选择对类似耦合扭摆的网络这种内行才能理解的东西进行计算机模拟，而不是建立实际的地震模型。我们发现只能做到这一步。如果读者对于想象耦合扭摆系统有困难，那么这样想会好一点——它仅仅是用来证明一个好的比方有多么重要。耦合扭摆不是足够好的比喻。我们也觉得要弄清楚摆是怎么回事相当困难，而且摆的运动也无章可循。

如果摆只是每次在一个不同的随机方向上被推动，那么不会有任何有趣的事情发生。大多数的摆会落在最低点的位置上。然而，我们意识到，如果我们总是朝同样的方向推动摆，如顺时针方向，那么摆之间的相互影响就会呈一种增长的趋势。和摆连在一起的弹簧会慢慢张紧，并且积蓄能量。当在一个时刻推动单个的摆这个过程持续不断的时候，越来越多的摆将停在朝上的位置而不是朝下的位置上。由于摆的不稳定性不断增加，就会产生多米诺骨牌效应导致的链式反应。推动单个的摆可能会导致其他摆转动。这种多米诺过程会持续多久呢？显然，如果所有弹簧都从松弛状态开始，那么仅仅推动单个摆一次是无论如何也不会导致其他摆转动的。但假设推动摆的过程持续一个相当长的时间，设置链式反应的极限又是由什么决定的呢？什么是扰动的自然尺度？单次推动能使多少个摆转动？

　　一个想法冒出来：也许根本就没有什么极限！似乎这个系统中基本没有任何的东西可能用来定义一个极限！或许，尽管系统是存在很多摩擦的耗散系统，从推动摆中持续获得的能量可能最终会把系统推向一个状态，在这个状态中一旦单个的摆从某处开始转动，那么所存储的能量足以使链式反应永远进行下去，仅仅受限于总的摆的数目？

　　汤超把这种想法编成程序输入计算机中。他选择了一个小型系统，在这个系统中，摆位于一个 50×50 格点上，也就是说总共有 2500 个摆。每个摆周围都连着四个摆，分别在上、下、左、右四个方向上。把所有的摆都朝下作为开始，转动任意一个摆会使整个装置张紧；而这又会对这个摆周围的一些摆发生作用；接下去又对另外的摆做类似的转动，一直这样下去。某一段时间里可能只有单个转动，但是在某个时间点上，弹簧将会张得足够紧以至于能带动其他摆转动起来。在某一刻，弹簧中存储了足够多的能量从而导致巨大的链式反应，也就是某个摆会通过多米诺骨牌效应带动另外的摆。这种过程就称为崩塌事件。崩塌会变得越来越大。最终，经历了成千上万次后，它们就不再继续增长。当模拟继续的时候，会产生一系列的崩塌，有的小，有的中等，还有一小部分很大。

我们测量了各种量级的崩塌的数目，就如同科学家们测量每种量级的地震有多少个一样。崩塌的大小用只驱动某个摆所引起的、其他摆的转动总数来衡量。小的崩塌的数量要比大的崩塌的数量多得多。图 11 为该结果的直方图。x 轴表示崩塌的大小，y 轴表示某种大小的崩塌的数量。我们采用的是对数 – 对数坐标，如同约翰斯顿和纳瓦在图 2（第 15 页）中所用到的，以及齐普夫在图 8（第 28 页）中所用到的那样。我们的数据大致落在一条直线上，这表明量级为 s 的崩塌数目服从如下幂律：

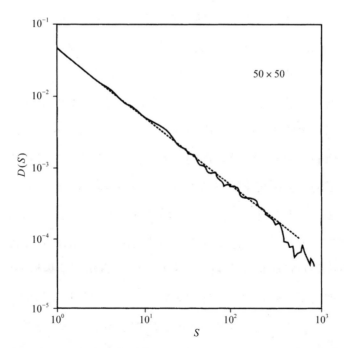

图 11　耦合扭摆系统或者沙堆模型中的崩塌大小分布。这个图利用对数坐标显示了各种大小的崩塌的数量。这是一个指数为 **1.1** 的幂律分布。这是我们非常早期的一个图。通过对更大系统进行更长时间的模拟，可以扩大幂律的范围。

$$N(s) = s^{-\tau}$$

其中指数 τ，即为曲线的斜率，近似等于1.1。摆也服从描述地震的古登堡－里克特定理！在起始点，因为没有一个崩塌会比单个摆的转动更小，因而曲线受到了限制。在接近终点处曲线有一个截断，因为没有一个崩塌会比所有摆的转动加起来更大。和实际实验的情况一样，点均匀散落在直线两边是出于统计涨落的原因。一些点位于曲线的上端，一些点位于曲线的下端。如果我们让模拟进行得越来越长，这些统计涨落就会变得越来越小，如同掷骰子一样，当掷的次数不断增加时，骰子的任何一面朝上的概率均会收敛于 $\frac{1}{6}$。

这个摆系统变得"临界"起来！系统中存在各种尺度的崩塌，就如同一个平衡相变的临界点附近存在着各种尺寸的团簇一样。但这里面并没有参数的精细调整。我们仅仅是盲目地推动摆。这里没有温度可调，也没有 λ 参数可以变。那些遵循自身局域规则单元的简单行为如果加到一块，就会形成一种独特的、微妙均衡的、匀称的、整体性的情形，在这种情形下，任何单个元素的运动都会影响系统中的其他元素。而局域规则仅仅是一种具体方法，用来实现在推动单个摆转动的情况下、四个邻近摆进行的、总数为 n 的转动。系统在没有任何由外部组织的作用力的作用下已经自组织地发展到了一个临界点。自组织临界性（SOC）已经被发现。这好比有某种"无形的手"把摆的集合精确校准到某个点，在这个点上各种尺度的崩塌均能出现。整个系统中的摆都能相互交流。

　　一旦达到这种均衡态，这种"临界性"就和核链式反应中的临界性类似。假设有许多能放出中子的放射性原子。那些中子中的一些可能被其他原子吸收，又使得这些原子放出它们自己的中子，即单个中子导致一个崩塌。如果可裂变原子的浓度很低，链式反应很快就会终止；如果可裂变原子的浓度很高，就会产生如原子弹那样的核爆炸。在一个特定的浓度下，所有这些崩塌最终都将停下来。同样，人们必须通过精心选择放射性物质的正确数量来"调整"核链式反应，从而使得核反应到达临界状态。在核反应堆中这种调节是非常重要的，通常是通过加入吸收中子的石墨杆进行操作的。通常，反应堆不具备临界性。核链式反应中绝对没有自组织，在这一关键点上，它非常不同于上述耦合扭摆。

　　到此，我们甚至比 1940 年费米团队在芝加哥的反应堆中实现临界时更兴奋：临界性，也就是复杂性，能够而且也将"自由"地出现，不需要钟表匠来调整这个世界。

第三章　沙堆模型

　　我们立即认识到了发现耦合扭摆自组织临界性的重要性。一个开放的耗散系统很自然地通过自组织发展到一个临界的无标度的状态，并伴随着各个尺度和不同持续时间的崩塌事件。崩塌事件遵从古登堡－里克特定律的统计规律。不管是大事件还是小事件都遵循同样的规律。因此，我们发现了关于自然界中复杂性的一个简单模型。

　　日常生活中我们所观察到的多样性很可能就反映了处在自组织临界态点的宇宙的一部分。复杂性与临界性息息相关的想法已经被提出来有些时日了，但是没有任何稳健的机制能够用来获得临界态，也没有人能通过对实际数学模型的计算演示这样的机制。当然，这只是开始。例如，我们仍然要说明这些临界过程具有类 $\frac{1}{f}$ 信号，而且最终得到的组织具有分形几何特性。我们只是刚刚开始。

　　也许我们对科学问题的最终理解取决于我们能给出多少有关现实世界的何种隐喻。耦合扭摆这一混乱系统的物理还不清楚：我们的理解还不够直观。我们的直觉还不够。在发现摆之后，过了几个月，令我们吃惊的是，一个更为简单的图像可用到我们的自组织临界动力学中。摆的转动和沙堆的崩塌的外形表现虽然不同，但其内在机制是一样的（图1，第2页）。我们去数一数沙堆中某个位置上掉下来的沙粒，而不是去数摆的转动数。尽管对沙堆模型和摆模型来说数学公式是完全一样的，但沙堆的图像会大大提高我们对现象的直觉领悟能力。沙堆是我们日常生活经验的一部分，在沙滩上玩过沙子的孩子都懂得。扭摆就不是这样了。基于沙堆的隐喻得到的物理直觉会使人们对纯数学模型的行为有一个更好的理解。通常，我们是从数学分析来获得物理理解的，而不是相反的方向。

在讨论我们模型的数学形式以前，让我们回顾一下第一章中的沙堆实验。考虑放一个平整的台子，把沙缓缓地加到台子上，而且每次只加一粒沙。沙粒可以被加到任意的位置上，或者只加在某个点上，如台子的中心点。台子的这种平坦的状态就代表了一种普适的平衡态；这个平衡态具有最低能量，因为很显然我们必须加进一些能量才能把沙排列成形状各异的沙堆。如果我们用到了水，那么系统总是会回到基态的位置，因为水必定会流到台子的边缘。由于受到静摩擦力的缘故，沙粒会慢慢停止下来，所以当我们停止往沙堆上加沙粒的时候，沙已经形成的形态不会自动地还原到基态。

最初，沙粒或多或少地会停留在它们落下的位置上。当我们不断加进沙子的时候，沙堆会变得陡峭起来，还会发生小型的沙粒滑坡或崩塌。沙粒会附在其他沙粒的顶部，一同跌到一个较低的位置。这可能进一步导致其他沙粒坍塌。一粒沙的加入只会导致一个局域的扰动，而对沙堆来说不会有任何剧烈的事情发生。

　　尤其值得注意的是，沙堆的某个部分所发生的事件不会影响位于较远部分的沙粒。在这个阶段，沙堆内部并不存在整体的交流，而只是一些个别沙粒之间的交流。

　　但是当沙堆变得更为陡峭的时候，一粒沙就更有可能使其他沙粒倒塌。最终，当沙堆陡峭到一定程度的时候，沙堆就不可能再增高了，因为平均来看，加到沙堆上的沙的数量与从沙堆边缘掉下的沙的数量是相等的。这就称为稳定态，因为随着时间的增加，沙粒的平均数量与沙堆的平均斜率都趋于常数。很明显，为了具有这种平均的平衡，也就是加到沙堆上的沙（比如加到中间的沙粒）和从边缘上落下去的沙粒之间的平衡，那么整个系统内部必定存在着交流。偶尔也会发生波及整个系统的崩塌事件。这就是自组织临界态。

　　加入沙粒，系统就会从非临界态转向临界态。在原来的状态中，单个沙粒遵从局域的动力学规则；在临界态下，沙堆遵循整体动力学规则。在平稳的自组织临界态，沙堆这一复杂系统遵从其自身涌现的动力学。沙堆的形成不可能从单个沙粒的性质中预先知道。

　　由于沙粒是自外部加入的，因而沙堆是一个开放的动力学系统。沙堆有多个自由度，或者说沙堆中有很多粒沙。位于沙堆中的一粒沙就代表了势能，而势能的大小通过沙粒离台面的高度来测量。当沙粒倒塌的时候，其势能就转化为动能。当倒塌的沙粒逐渐静止下来，这个动能就耗散掉了，也就转化为了沙堆的热能。因此整个系统中就存在着能量的流动。临界点之所以能维持，仅仅是因为能量以新的沙粒的形式从外部输入。

临界态必须对变动非常鲁棒。这一点对于有可能描述现实世界的自组织临界性这个概念来说，是极为重要的；事实上，这一点就是全部的想法。假定同样的系统达到它自身的临界态后，我们突然往沙堆上堆湿的沙粒而不是干的沙粒。湿沙粒的摩擦要比干沙粒的摩擦大一些，因而，过了一会儿之后崩塌会变得越来越小，而且慢慢地只在局部发生。离开这个系统（沙堆）的沙粒会变得越来越少，因为小的崩塌不能到达台子的边缘。沙堆就会变得越来越陡。反过来这种情况又将导致崩塌变大。最终我们将回到一种波及整个系统的崩塌的临界态。这种状态下的沙堆将比最初的沙堆要陡一些。同样地，如果我们往沙堆上加干沙粒，由于不时发生一些较大的崩塌，沙堆将往下沉从而变得比较平一些。如果我们试图设置一些局部的障碍来阻止崩塌的发生，如到处加一些"雪花屏"，这就会导致一个类似的效应：刚开始崩塌会变小，但是最终沙堆的斜坡将变得足够陡从而越过了这些障碍，而这是由越来越多的沙粒被迫到处流动造成的。沙堆的物理外观改变了，但是其动力学仍然是临界的。当我们试图使沙堆远离临界态的时候，它却又返回到临界态。

沙堆模型

我们已经明确了沙堆模型的物理特征，但到目前为止，这一切只不过是想象的产物，其中还带有一些来自实际经验的直觉。我们如何从这一想象出发、用一个模型来重现这些特性呢？库尔特、汤超和我研究的沙堆模型很容易在计算机上进行模拟。这个模型很简单，只要有一点计算机常识的人便能在他们自己的电脑上进行模拟。不玩计算机的读者也可以用乐高积木来研究该模型的机械版本。

把台面用一个二维的格子来表示，沙粒落在其上。每个方格子都有一个坐标 (x, y)，我们用一个数 $Z(x, y)$ 来表示落在方格中的沙粒数。对一个尺度 L 为 100 的台面来说，坐标 x 和 y 都在 1 到 100 之间，总的格点数是 $L \times L$。我们用的是"理论物理学家的沙粒"，其中每粒理想的沙都是大小为 1 的立方体，这样的话每一粒沙都能和另外的沙粒完美地堆在一起，我们并没有用在海岸上所见到的那些不规则的复杂的沙粒。

随便选取一个方格，并把那个方格的高度 Z 增加 1，即把一粒沙加到了那个方格子中：

$$Z(x, y) \rightarrow Z(x, y)+1$$

一遍又一遍地重复这个过程。为了获得一些有趣的动力学现象，我们用到了一个"倒塌规则"。这个规则允许一粒沙从一个方格中跑到另一个方格中。一旦某个方格的高度 Z 超过了一个临界值 Z_{cr}——Z_{cr} 是任意设置的，比如设为 3，那么这个方格就会向邻近的 4 个方格中各输送一粒沙。因而，当 Z 达到 4 的时候，那个方格的高度就会减小 4 个单位，

$$Z(x, y) \rightarrow Z(x, y)-4$$

当 $Z(x, y) > Z_{cr}$，并且与那个方格邻近的 4 个方格的高度分别增加 1 个单位时，

$$Z(x \pm 1, y) \rightarrow Z(x \pm 1, y)+1, \ Z(x, y \pm 1) \rightarrow Z(x, y \pm 1)+1。$$

图 12 显示了这个倒塌的过程。如果不稳定的晶格碰巧在

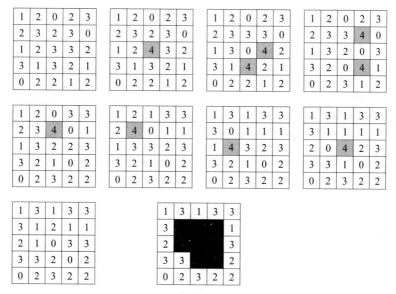

图 12 一个小沙堆中的倒塌事件。一粒沙掉在位于格子中央且高度为 3 的方格中，从而导致了一个由 9 个倒塌事件组成的崩塌，并且整个过程持续了不断变化的 7 个步骤。这个崩塌的量级 *s*=9。黑色的方格子显示的是 8 个已倒塌的方格。有一个方格倒塌了两次。

边缘上，这个位置的 *x* 或 *y* 是 1 或 100，那么沙粒就离开了这个系统；它们从台面的边缘掉下去了，我们就不用再关心这些沙粒了。

上述几个简单的方程就完全说明了我们的模型。而所需数学的复杂程度不会超过 1 到 4 之间的加减运算。然而，这些方程的结果却异常复杂，而且这些结果不能通过对方程的简单考察就推导出来，这些方程只能代表沙粒的局域动力学行为。我们遵从第二章中列出的通用流程，并且通过直接在计算机上模拟来研究这个模型。

物理学家们的这个沙堆是对实际发生的一切所做的一个粗糙且过分简化的处理。首先，实际的沙粒有不同的大小与形状。一个真实沙堆的不稳定性不仅仅产生自沙堆表面，而且也会通过大面积裂缝的形成而发生。倒塌的过程取决于单个的沙粒是如何连在一起的。一个沙粒在下落的过程中，其运动由引力场所决定，引力场使它加速，而它与其他沙粒间的相互作用又使它减速。要使运动停止取决于多方面的因素，例如它所撞击的沙粒的形状以及在撞击点它的速度，并且不仅仅是附近一些点中沙堆的高度或者说坡度。像这样的因素还可以不断考虑下去。很快你就会意识到，制造出一个实际沙堆的模型是一种失败的策略，它乍看起来应当是一个简单的对象。而最终为什么这个模型又得到了认同呢？它的合理性是建立在这个模型包含了最本质的物理的直觉之上的，具体说来就是沙粒之间相互作用并且可能会导致彼此的倒塌。这一点的正确性，只有通过事后实验才能被验证（或推翻）。

其次，我们对沙堆并不是特别感兴趣。我们期待着我们观察到的沙堆动力学足够普适以至于它们能够被用到更广泛的现象中去。

彼特·格拉斯伯格，德国伍珀塔尔大学的一位计算物理学家，找到了沙堆模型的一个有趣的例子。他要求我们想象一间大的办公室，其中官员们坐在排成列的桌子旁（图13）。不时地会有一张纸从外面递进来放到任意一张桌子上。桌子旁的官员不去管这张纸，直到他发现桌子上的纸已堆得太多，然后他就往他的四张邻桌各送一张纸。每张桌子旁的官员都遵从这个规则；除了那些靠墙的人，他们只需把纸扔出窗外就完了。进一步考虑，我们会发现，把一张纸递入办公室会导致一场灾难，其中数以百万计的

图 13 沙堆模型的办公室版本。每隔一段时间，在某个官员的办公桌上放一张纸。当他发现自己的办公桌上有四张纸或多于四张纸时，他就给四张邻桌各送一张纸，或者将纸扔出窗外。（承蒙彼特·格拉斯伯格许可使用）

纸的传送事件发生了（如果办公室足够大的话）！在这样的一个崩塌事件里，每位官员都可能进行了多次交换。

这个过程刚开始时，格点的高度都很低，因而没有不稳定的格点。所有格点的 Z 都小于 3，因而沙粒恰好就停留在它们落下时的位置上。经过多次把沙加到方格子中，某处格子的高度必定会超过 3，因而就有了第一个倒塌事件。而这个格子的四个邻近格子的高度不可能马上超过 3，因而没有更进一步的倒塌事件发生。当这个过程继续下去的时候，很有可能至少一个邻近格子的高度会达到临界值，因而最初的倒塌事件就导致了第二个倒塌事件。一个倒塌事件导致下一个倒塌事件，就像倒下的多米诺骨牌一样。当更多的沙粒加入时，就会有越来越大的倒塌事件，或崩塌发生，尽管仍会有小的崩塌事件存在。

图 12 显示了一个微小系统中的一连串倒塌事件。方格中的数字代表了格子的高度。一粒沙加到高度为 3 的格子中会导致那个格子倒塌。这个格子的两个邻近格子的高度 $Z = 3$，因而接

下来那两个格子会倒塌，从而总共把 8 粒沙送入它们的邻近格子中，其中包括加入最初的格子中的 2 粒。最终，这个系统静止下来。我们注意到恰好有 9 个倒塌事件发生，因而崩塌的大小 $s=9$。我们还追踪了整个过程，也就是整个崩塌过程中所进行的步骤的数目，即 $t=7$。

最终整个沙堆进入了一个稳定态，在这个稳定态中所有格点的平均高度不再增长。平均高度是 2～3 之间的某个数。沙堆永远无法达到最高的稳定态，其中所有格点的高度均是 3，因为在达到这个简单状态以前，由于大崩塌事件，沙堆已经瓦解了。我们可以通过随时数一数在任意时刻沙堆中总的沙粒数目来跟踪这个过程。在稳定态中，大多数的崩塌很小而且未到达边缘，因而它们使沙堆增长。这一点恰好可以由那些为数很少且通常较大、并能到达边缘，从而导致许多沙粒离开沙堆的崩塌事件来补偿。

彩图 1（a）显示了一个超大型沙堆中刚刚发生一场大的崩塌之后的稳定态中的一个结构，不是用数字而是用颜色作为标记。红色表示 $Z=3$，蓝色表示 $Z=2$，绿色表示 $Z=1$，灰色表示 $Z=0$。这张图看起来一团糟，根本没有什么有组织的结构。但事实远非如此，通过不断加沙粒以及经历崩塌的过程之后，沙堆便自组织到了一个高度组织化、高度敏感的状态。

通过往下丢沙粒而不是考察颜色，我们能够认识到沙的结构的复杂性。如果一个红格子被这粒沙击中了，这将会引发一场崩塌。彩图 1（b）显示了经过几个时间步长之后所发生的一切。浅蓝色的区域是那些已经落下的沙粒，黄色的点和白色的点代表那些即将倒塌的活动格子，其中 $Z>3$。彩图 1（c）显示了稍后一些时候的情形，其中崩塌已经盖过了一个更大的区域。最终当沙堆中大约半数格子至少倒塌一次以后，崩塌停了下来。大多数格子实际上已倒塌过多次。崩塌结束时的特定的结构与我们最开始时的结构有很大的不同。

这是一个非常大的崩塌。崩塌通常比这要小一些。我们现在采用的操作过程与地球物理学家们对地震进行统计所用的操作过程一样。通过每次崩塌结束后连续地加沙粒，我们制造了大量的崩塌，比如100万个崩塌。通过计算大大小小的崩塌的数量，我们造出了一份"人工的"地震目录。崩塌的"量级"就是崩塌大小的对数值。同以往一样，对于给定的量级，计算出其数量的对数，然后画出图。

对于一个线性尺度为50的系统，关于崩塌的数量与大小之间的关系已经在图11（第53页）中给出，这个图给出了我们最初的沙堆的数据。直线表明崩塌遵从古登堡－里克特定律，正如图2（第15页）中真实的地震一样，尽管直线的斜率不一样。我们不必为了得到很多关于地震的数据等上几百万年，因而我们的统计起伏比起地震本身的统计起伏要小一些，因为自然界为我们产生的地震数量要少得多。该幂律的指数 τ，也就是图11中曲线的斜率，通过测量可知近似为1.1。该幂律表明，稳定态是临界的。我们得出结论：沙堆已经自组织到了一个临界态。

通过分析沙堆的几何特性，可以显示，沙堆的轮廓和挪威的海岸线一样，是分形的。崩塌已经塑造出了沙堆的分形结构。

幂律同时还显示，崩塌的分布遵从齐普夫定律。不去用崩塌的数量与大小来作图，类似地，我们也可以在图上找出最大崩塌的数目（这种崩塌的等级为"1"），以及等级为2的崩塌的数量、第10大崩塌的数量，等等，和齐普夫对不同等级的城市作图的方式完全一样。这仅仅是从最初的幂律出发，传达信息的另一种方式。直线表明沙堆动力学遵从齐普夫定律。

无论如何，我们的简单模型也不可能传达一座人类社会真实城市的信息，或者詹姆斯·乔伊斯写作《尤利西斯》的过程，在那时我们处理的是人类，而不是沙粒。但无论如何，可以推测，齐普夫的定律暗示，世界人口已自组织到一个临界态，其中城市是由人口的流动而造成的崩塌形成的。

我们必须要检验临界性在模型修正后是否仍是稳健的。无论我们如何修正沙堆，幂律都应当成立。我们试验了一连串不同的情形。在一种情形中，临界高度不是取相同的3，而是对不同的格子取不同的临界值。把沙粒放在一个三角形的格子而不是方形的格子当中，从而防止沙粒从某些格子之中掉下来，这些格子是任选的，这样就模拟了雪屏。我们试着加入不同大小的沙粒，也就是说，当沙粒落下时，我们不是一次增加一个单位，而是一次增加0到1之间的一个随机数。我们修改这个模型，使得当格点变得不稳时，倒塌的沙的数量是随机的。我们随机选择沙粒倒塌后流向的位点，而不是朝向其邻近点。在所有的情形中，沙堆都自组织到了一个伴随各种大小的崩塌的临界态。临界性是无法避免的。

人们可能会推测，临界性是由系统被驱动的方式的随机性所导致的——我们把新的沙粒加入随机的位置上去。事实上，这一点根本不那么重要。我们以一种决定性，即根本没有什么随机性的方式来驱动系统，系统任意时刻的信息都编码在初始条件里：让 Z 表示一个实变量而不是一个整数变量。从处于亚临界值，即 $Z < 4$ 时候的结构开始。以一种缓慢的速度增加所有的 Z 值。这对应于往沙堆上（均匀地）缓慢倒沙粒。在某些点上，Z 值已变得不稳定，因而根据上面定义的规则这些点将会倒塌，这样一个链式反应就开始了。这个过程会继续下去；而最终沙堆坡度改变的速率与沙粒滑落边缘的速率之间会达到一个平衡状态。我们得到了和以前一样的幂律分布。由于在这种情形下，沙堆中的所有一切都已包含在初始条件中，因而 SOC 现象必定是决定性的现象，就如同费根鲍姆所研究的混沌一样。

加入沙粒时的随机性并不影响幂律，这表明，随机性与我们所观察到的复杂性行为毫不相关。当研究更为复杂的系统时，意识到这一点是很重要的。经济学处理的是代理人或多或少的随机行为，他们的想法当然不会在一开始就被确定下来。然而，这种随机性还是不能阻止系统演化到精确的、有极好的统计性质的临界态。这一点很有趣，但也令人费解。系统如何置现实世界中显然的随机性不顾，而发展到一个自组织态？特定的结构如何能做到对无关紧要的细节十分敏感，而临界性又如何能做到总的来说十分稳固？

假如生活在沙堆世界

非平衡临界态的动力学和平坦沙滩上的静态动力学太不一样了。这种情形对一个局域观察者来说又是怎样的？在这个短暂的阶段，当沙堆相对来说较浅的时候，他的体验会十分单调。不时地会有一些小的扰动出现，这时邻近的一些沙粒倒塌了。如果我们在某处落下一粒沙，这时在结构上只会导致一个很小的局域变动，绝不会有一种方式使得扰动传遍整个系统。小的扰动得到的反应也是小的。在一个非临界的世界里，不曾有任何戏剧性的事情发生。因而，做一个非临界系统平地上的天气（沙堆）预报员是很容易的，不仅能够预测将要发生的一切，而且能够尽其所能理解这一切。某个位置的行为并不取决于很久以前在很远的位置所发生的事情。偶然性是互不相关的。

然而，一旦沙堆达到了稳定的临界态，情况就完全不同了。一粒沙可能就会导致一场包含整个沙堆在内的崩塌。结构上的一个小的变动可能会把本来不很起眼的小事情变成一场灾难事件。沙堆预报员仍然可通过仔细确认规则，以及跟踪他周围的环境来做短时间的预报。如果他发现一个崩塌事件即将到来，他会在一定程度上精确预言它何时发生。然而，他不能够预言一个大的事件何时发生，因为这依赖于整个沙堆的构型的每一个细节。自组织临界态中的偶然性是相互关联的，这一点最先是由玛雅·帕祖斯基提出的，当时他是我们组一位年轻的研究人员，他认为现实世界中的大量突发事件可以理解为自组织临界性的结果。

沙堆预报员的情形和我们复杂世界中天气预报员的情形是类似的：通过经验以及资料收集，他能够对局域的沙粒行为进行"天气"预报，但是这样做无法使他深入了解"气候"，因为"气候"是由许多沙粒滑动的统计特性所表征的，例如滑动的大小以及频率。

大多数时间里，一个人周围的世界一片平静，这可能会使他认为他实际上生活在一个稳定平衡的世界当中，其中自然界处于平衡状态。然而，不时地，他的平静生活被打断了 —— 他身边的沙粒突然开始爆发式地不断翻滚。各种尺度的爆发都会发生。这可能会诱使他相信，他正在处理一种局域现象，因为他能把他所观察到的行为与他周围沙粒倒塌的动力学规则联系起来。但是实际上他不能，他所观察到的局域分立事件只是集体现象的一个组成部分。

组成临界系统的各部分不能隔离开来加以理解。局部所能观察到的动力学反映了它是整个沙堆的一部分这样一个事实。如果你坐在一块平坦的沙地而不是一个沙堆上，支配沙粒的规则完全一样，遵从同样的物理定律，但是历史已改变了事情的面目。沙粒都是一样的，但是它们的动力学状态不同。沙粒缓慢发展的能力与它记录历史的能力联系在一起。沙粒也可以包含记忆；人们可以在沙上面写信，过了很长一段时间后仍可以阅读它。而这样的事情不可能发生在一个平衡系统，如一碗水中。

在临界态，起作用的单元是一整个沙堆，而不是一颗颗沙粒。任何还原论的方法都是无意义的。局部的单元以它们实际的形式存在，这种形式是通过如局部坡度这样的因素来表征的，这仅仅因为它们是整体的一部分。在显微镜下研究单个的沙粒并不能为解释整个沙堆的行为提供线索。单个沙粒中的任何信息都不能用来说明沙堆的涌现性质。

沙堆从一种结构变到另一种结构，不是逐渐地，而是以灾难式崩塌的形式。根据幂律，大多数倒塌与大崩塌有关，而更多的频繁出现的小崩塌加在一起也算不上什么。沙堆的演化是以革命性的方式进行的，正如同卡尔·马克思的历史发展观一样。事情通过变革而发生，而不是逐渐地发生，这就是因为动力学系统演化到了临界态。自组织临界性是自然界在短的时间尺度内制造巨大转变的一种方式。

事后人们可以追踪一个已发生过的特别大的崩塌的历史。沙粒的滑动可以用一种叙述的语言来描述，用历史的而不是物理的方式。沙堆预报员将讲给我们听的故事是按下面这样的方式进行的：

> 昨天早上 7 点钟，一粒沙落到了 A 格子上，坐标为（5，12）。这导致了位于（5，13）的 B 格子的倒塌。由于留在 B 格子上的沙粒已经到了稳定的极限，因而这进一步导致了 C、D 以及 E 格子的倒塌。我们已经很小心地监测了所有接下来的崩塌事件，这些事件可以很容易地从已知的且用简单方程表达的沙堆动力学定律中得以解释和理解。很明显，我们本可以避免这个大灾难的发生，如果我们把一粒沙从最初引发一连串事件的格子上移走。一切都明白了。

然而，这种思考方式是有问题的，原因有二。首先，这个特定事件导致一场灾难的事实依赖于在那个特定时间里沙堆非常细微的结构。为了预言那个事件，人们将必须以绝对的准确性测量每时每刻所发生的一切，而这一点是不可能办到的。接下来，人们将不得不依据这些信息进行精确的计算，这一点同样是不可能做到的。对地震而言，我们必须去了解一个很大的区域，如加利福尼亚州每一个地方详细的断层结构，以及作用在那些断层结构上的作用力。其次，即便我们能够辨认出引发一连串事件的沙粒，并把它移走，在其他某个地方迟早会产生另外一场灾难，也许同样会带来破坏性的后果。

但最重要的是，"历史上的记录并不能为我们深入了解现今所发生的一切提供依据，尽管事实表明，每一步都是从前面的步骤中按逻辑发展而来的"。即使局部观察到的、合乎逻辑的总体模式，包括灾难事件的存在，反映了沙堆在整个演化历史中已发展到临界态这样一个事实，但沙堆的演化历史发生在一个比观察周期要长得多的时间尺度内。预报员不明白，为什么沙粒的安排如此巧妙以至于恰好能够容纳一个大的崩塌。为什么所有的崩塌不能都是小的？

对个体来说，他无法通过做一些事情避开这些灾难。即便他能够弄平周围的沙堆，从而对周围进行一些修正，他还是可能会被远处而来的崩塌扫走，这并非他自身的错。命运对沙堆居民起着决定性的作用。相比之下，位于平坦的非临界沙堆上的观察员能通过简单的局部测量来避免这些灾难，因为他只需要知道他近邻的一些信息就能进行预报，在此我们假设他已经获得了沙粒即将到达沙堆中的信息。是临界性使得他的生活变得复杂起来。

沙堆这个比喻如此之好，以至于它已超越了物理学家们对复杂现象思考的领域；它包含了一切——多个组分的集体行为，间断平衡，偶然性，不可预测性，命运。这是观察世界的一种新方式，正如阿尔·戈尔[①]在他的《濒临失衡的地球——生态与人类精神》一书中说的那样：

> 沙堆理论——自组织临界性——作为一个比喻是无法抗拒的；人们可以先试着把这种理论用于人类生命的发展阶段。身份的形成与沙堆的形成是非常相似的，这当中每个人都是独特的，因而受到事件影响的程度也会不同。一旦某种个性的基本轮廓被揭示出来，那么它就到达了临界状态；接着每一次崭新的经历都会反馈回来并影响到这个人的各个方面。这种影响既是直接的（在经历发生之时），也是间接的（通过为未来的改变做好铺垫）……这个理论令我感兴趣的一个原因是，它帮助我理解了生命中的变化。

也许阿尔·戈尔把事情扯得太远了。另一方面，也许甚至地球上最复杂的现象——具有大脑和个性的人类——的确反映了作用在临界态上的世界中的一部分。在稍后的几章中，我们将在生物演化和大脑功能的背景下回到这个话题上来。

我们能用笔和纸计算出幂律吗？

要描述沙堆模型极其简单。只需要几行文字就能完全定义这个模型。为什么我们不得不进行计算机模拟呢？从数学的角度来

[①] 阿尔·戈尔（Al Gore），美国前副总统（1993—2001）。

说，计算机不能证明任何事情。难道我们不能不要模拟，只做一个简单的纸笔计算，从而告诉我们正在发生的一切吗？例如，我们能够计算出崩塌分布的指数 τ 吗？对其他的复杂现象，像混沌相变，或者非平衡系统的相变，科学家如费根鲍姆和威尔逊，最终能够找到美妙的解析理论，并提供这些现象的起因的深刻洞见。

令人吃惊的是，我们不能！数学物理界一些头脑最聪明的科学家曾一直在这个问题上钻研，包括芝加哥大学的米切尔·费根鲍姆和利奥·卡达诺夫。以及以色列韦兹曼研究所的伊塔马尔·普罗卡恰。一起参与合作的还有几名非常聪明的研究生，查布拉和科南，他们考虑了一个甚至比我们的模型还简单的模型：沙粒被放在一个一维的沙堆中，其中沙粒被堆在一条线上，而不是在一个二维平面上。这个模型自组织到了临界点，但是没能导出任何解析的结果。例如，他们不能够证明崩塌遵从幂律，尽管他们付出了巨大的努力［刊登在《物理评论》（*Physical Review*）的一篇长文章中］。

在一个非常漂亮的数学理论中，来自孟买塔塔研究所的物理学家迪帕克·达尔能计算出某些性质，他计算出在临界态可能存在多少个沙堆的结构。他还构建了一种算法，这种算法允许我们检验是否一个特定的结构，就像图 1（第 2 页）中所示的，能够代表在稳定临界态能找到的一个结构，或反过来，是否它是一个瞬态，表明沙堆还没有达到它的稳定态。但是他不能够计算出最重要的指数 τ，或证明稳定态具有按幂律分布的崩塌。

关于计算幂指数的数学太复杂了。但否则的话，它又能怎样呢？我们处理的是自然界中最复杂的现象，在一个长长的进程中信息慢慢地堆积；为什么我们一定要用一个简单的数学公式来描述这个状态？

这个模型是简单的，但无论如何，对于试图进行有效分析的理论物理学家和数学家来说它都太难了。至少目前还没有人能令人满意地处理它。这种情况可能会扑灭一些热情。

在第四章中，我们将看到，对于其他一些模型，我们能够获得一些解析的理解。我们能理解自组织过程的基本特性。我们能把某些指数与其他一些指数联系起来。在某些简化了的但人为设计成分更多的模型中（沙堆滚塌到随机的位点），人们能计算出指数，而且可明确地表明沙堆自组织到了临界态。

我们还会看到，在描述表面生长、交通以及生物演化的一些模型中，"纸笔理论"，或者说我们所谓的解析理论，能够以公式的形式表达出来。

第四章　实际沙堆与地貌的形成

我们的野心超越了对实际沙堆动力学的理解。但无论如何，沙堆实验可被视为自组织临界性的首次检验。如果大型动力学系统通过自组织达到临界态的理论不能用来解释真实沙堆，那么它又能用来解释什么呢？我们的抽象模型对实际沙堆做了粗糙而且过分的简化，但是我们仍然期待我们的实验能与我们的预言一致。然而，自然界并没有义务要服从我们的想法；我们的直觉可能完全是错的。理论最终不得不面对实际世界的观察，因而我们研究沙堆，并且要问，它们是否自组织到了临界态？

长岛幸运地拥有数英里长的美丽海岸，因而库尔特·维森费尔德急着要做他自己的实验。在沙堆模型的想法提出后不久，库尔特去了距离实验室不远处的史密斯角海滩，他收集了一盒湿沙粒。他用这盒沙粒造了一个陡峭的沙堆，并且放开它直到它静止下来。他不是往下扔沙粒或者倾斜盒子，他只是简单地把盒子放到窗台上以便太阳能慢慢地把沙堆晒干。当沙粒被晒干的时候，陡峭的沙堆就会变得不稳，于是就会有沙粒从沙堆滑落到盒底的崩塌发生，从而使沙堆变得平缓，这样可能使系统处在临界态。当库尔特研究沙堆的时候，的确出现了许多大小不同的崩塌。

沙堆实验的事实使我们更加深信自组织临界性的预言。随着理论沙堆模型的发表，短时间内在世界范围掀起了一场做实验的热潮，包括在芝加哥大学和在 IBM 研究中心用沙或其他颗粒状原料做的实验，在挪威奥斯陆用大米做的实验，以及在匈牙利利用泥做的实验。后面几种类型的实验可能有助于我们理解地貌形成。喜马拉雅山脉的滑沙可以用自组织临界性来解释。沉积岩的形成可以被视为在地质时间尺度上形成的崩塌的证据，它表明地貌的形成可能是一个自组织临界过程。这些实验和观察的多样性强调了这些现象的韧性。

真实的沙堆实验

结果表明，沙堆实验比我们预想的要复杂得多，而且乏味得多。实验必须处理小到一颗沙粒，大到成千上万颗沙粒的长度尺度。沙堆必须足够大，以便检验事先预言的幂律行为。在自然界中，地貌绵延成千上万里，这些各式各样的长度范围很容易获得；但在现实生活中，我们被有限的实验室空间束缚着。并且可利用的时间也是有限的，人们不能等上成百上千年来积累足够数量的资料。利用计算机，我们就有机会研究数以亿万计的沙粒，以及成百万次的崩塌。崩塌是呈幂律分布的，因而大的崩塌必定会发生，然而，仅仅为了获得一个等级为 100 万级的崩塌，人们不得不等待并且跟踪 100 万个等级为 1 的崩塌（图 13，第 63页）。这对实验学家太奢侈了。

第一个实验是由和利奥·卡达诺夫一起工作的芝加哥大学的

悉尼·内格尔以及海因茨·耶格尔做的。卡达诺夫与他的合作者们积极参与混沌科学的研究，在 20 世纪 80 年代，混沌研究正处于全盛时期。卡达诺夫对于好的科学有一种极为明晰的认识，他告诉我好的科学是有趣的。在他的周围有着极为活跃的气氛，在晚上，大家经常在他的办公室一边品尝纯麦芽发酵的苏格兰威士忌，一边进行热烈的讨论。

　　毫无疑问，卡达诺夫及其同事是最早尝试为我们在计算机中研究的沙堆问题寻找数学上的解的几个人，并且做了相关实验。耶格尔和内格尔往一个圆柱形的鼓中装了一些沙，然后缓慢地转动鼓，就像一个混凝土搅拌机。随着鼓的转动，在鼓的一侧就产生了一个沙堆（图 14）。转动使得沙堆的坡度增加，沙粒会不时地掉下来，从而造成崩塌，这样又减缓了沙堆的坡度。读者可慢慢摇动一碗糖来观察这种塌陷。鼓中的沙以一种确定的平均坡度进入了稳定态。然而，在这种稳定态中，沙堆似乎不是临界的。

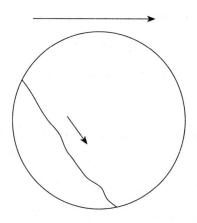

图 14　转动鼓的实验（俯视图）。当鼓转动的时候，其一侧会产生沙堆，进而造成崩塌。这类实验是芝加哥组做的，由海因茨·耶格尔领导。

事实上，还有许多满足幂律的极小或是中等大小的崩塌发生。然而，一旦崩塌的大小达到某种程度，惯性就会起作用。一粒沙一旦运动起来，它就会获得动量，从而导致崩塌继续增长，直到整个沙堆静止到一个比原来低几度的角度。接下来由于转动，沙堆又会开始增长。在坡度不断增加的过程中，它会不断产生小的和中等大小的崩塌，直到一个巨大的崩塌出现。因而，在其稳定态，沙堆展示了一种振荡运动，通过这种运动来规律地增加和减缓坡度。这不是我们所预计的临界行为。造成这种振荡运动的惯性效应并没有包含在我们的简单模型中。

位于纽约约克敦海茨的 IBM 研究中心的格伦·赫尔德和他的合作者们设计了另一种类型的实验，和我们最初的设想较为接近。实验装置如彩图 2 所示。他们在一个圆盘子上堆了一个沙堆。圆盘直径有几英寸，放置在一个精确的标尺上。为了使这个实验"真实"，他们收集的也是来自布鲁克海文国家实验室附近史密斯角海岸的沙子。通过一个徐徐转动的玻璃试管，沙粒以一种缓慢的速度被释放到盘子中央。沙粒在盘子上形成一个圆锥形的沙堆。盘子中整个沙堆的重量以电信号记录下来，短时间间隔内的重量信号被传送到计算机上分析。计算机计算了离开板块边缘引发崩塌的沙子的质量。

格伦·赫尔德的团队所发现的现象与耶格尔的团队所发现的现象是一致的。存在一系列遵从幂律行为的崩塌。他们发现了导致沙堆坡度振动的大崩塌，但是他们没有发现中等大小的崩塌。他们的装置与我们提出的几何图形有一个很重要的区别，他们的装置中只有流经盘子边缘的沙粒的数量被记录下来了。而更为频

繁的内部崩塌 —— 沙粒向下移动但没离开盘子的情况没有被测量，因为它们没有改变沙堆的重量。

我们从这些非常初步的实验中受到了鼓舞，因为它揭示了许多不同量级的崩塌。然而，有不少旁观者总爱在不完美上做文章。《科学美国人》的一位科普作家约翰·霍根，数年后独自发起了一场从总体上反对复杂系统理论，特别是自组织临界性的运动。"自组织临界性甚至不能解释沙堆，"霍根先生高兴地写道，但这根本就是断章取义的。尽管存在大量的质疑是有益的，但如果科普作家让科学家自己通过常用的科学手段来找出什么是对的、什么是错的，那就更好了，这一点从长远来看非常行得通。通常来说，科普作家们步入了另一个极端 —— 他们太容易上当受骗，这并非坏事。我可以向读者保证，我的科学家同事们在揭露骗局时是可以信赖的。

这些早期的实验完成后不久，密歇根大学的迈克尔·布雷兹、佛朗哥·诺里以及他们的合作者又尝试着用一种优雅的录像技术来做实验。他们进行了两种类型的实验。在第一种实验中，他们把沙粒放进一个缓缓转动着的有机玻璃盒子中。这个实验采用了一个倾斜的滑道，同芝加哥组的实验装置十分类似。他们利用一个摄像机跟踪落下的沙粒，接着把信号传送到计算机中。通过对画面进行数字影像分析，他们确认并测量了所有的崩塌，包括那些没有到达沙堆边缘的内部崩塌。布雷兹和诺里观察到了服从幂律的崩塌。然而，他们的系统太小了，当沙停止覆盖盒底的时候，他们不得不终止这个实验；因此，这个过程不能像转动的圆柱鼓实验那样无休止地继续下去。布雷兹和诺里还做了一个实验，他们把沙粒缓缓地加入一个沙堆上，这和我们头脑中的情形相吻合。这个实验也用摄像机记录了下来（彩图3），并且在这个实验中发现崩塌满足幂律，分布的指数为2.13。这些早期实验给出了无法否定的结论：这个世界上并非一切都是自组织临界态。许多沙堆具有周期性的行为，而不会产生各种尺度的崩塌。

挪威的米堆实验

最精细的一个实验是近期由挪威奥斯陆大学的一个小组做的。杰恩斯·费德和托斯汀·乔桑是挪威组精力充沛的领导人，这个小组因多孔介质的分形结构研究而闻名。尤其值得一提的是，他们从理论和实验上都弄清了液体如何渗入疏松物质，这对于北海和其他地方的石油开采极为重要。

还有一些人参与了这个实验，如维达·弗雷特，他是一名研究生，还有金·克里斯滕森。金一直在布鲁克海文和我们一起做SOC理论方面的工作，而且在把SOC用到地震方面做出了卓越的贡献，这一点我们将在下一章谈到。这个队伍中还有一名成员，保罗·米金，以前在美国杜邦公司研发部工作，因分形结构生长的大尺度模拟而闻名。顺应美国工业上的普遍潮流，杜邦公司的基础研发部被解散，随后米金加入了奥斯陆组。

这些科学家通力合作，从而有了最终的沙堆实验。人们期待着这是新东西将要出现的标志。既然投资在得克萨斯超级超导对撞机上的数十亿资金已经化为了泡影，那么更多地依靠思维，较少地像过去近 30 年 [①] 盛行的那样盲目使用硬件，这样的实验结果不会那么糟吧。我怀疑从沙堆实验中所领悟的将比从超级对撞机中所领悟的要多一些，而前者的成本不到后者的万分之一。但我们永远不会知道了。超级对撞机项目被不幸取消，原因是美国全国上下的反科学态度。这笔资金没有转投到别的项目上，相反，各个单位科研经费都受到削减。但由于思想是自由的，而沙粒是免费的，因而我们的研究更富有弹性。

弗雷特博士和他的合作者们选择了研究米粒，而不是沙粒。原则上来说，用什么样的原料无关紧要。米粒有一个很方便的尺寸，因而允许我们使用计算机在图像上对单个米粒的运动进行视觉上的研究。用海滩上的沙粒堆成沙堆有一些问题，那就是沙粒有惯性，而这一点无法并入我们的计算机模型中。

奥斯陆组首先到当地的超市买来不同种类的大米。一种米粒几乎是球形的，用这种米粒做实验得出的结果与早期用沙粒做实验得出的结果很类似。然而，另一种米粒是长形的，比沙粒有着更多的阻力，因而不能维持自身的转动。一旦开始滑动，它们极有可能受到阻碍又停下来。

为了把实验设计成与我们的展示自组织临界性的计算机模型一样，因而跟踪大量崩塌事件而不仅仅是从边缘滑走的米粒就显得极为重要。米堆位于两块玻璃平板之间，可以通过肉眼或摄像机透过这两块玻璃板观察米堆的动力学。一台喂米机从上面玻璃板转角处的缝隙处缓缓加入米粒，米粒加入的速度很慢，每分钟 20 粒。实验尝试在板子间的不同位置，以及用不同的速率加入米

---

① 指从 1996 年算。——译者注

粒。同时，也尝试用许多不同大小的系统，范围从几个厘米到几米。每个实验都持续了 42 小时，因而默默奉献的参与者们不得不轮流熬夜监督整个实验。为了获得良好的统计结果，尤其是获得数量稀少的大崩塌，实验需要运行足够长的时间。同时，系统的尺寸必须足够大，才能观察到各种量级的崩塌。总的来说，用各种米粒以及用各种大小的系统做的实验持续了一年以上！

米粒的运动由一个覆盖整个活动区域的 2000 × 500 像素的 CCD 摄像机记录。每 15 秒拍一张，数字化的信号传送到计算机中，通过图像识别确认所有米粒的位置。米堆不断增大，直到它达到一个稳定态。一旦达到稳定态，摄像机和计算机就开始跟踪米粒的运动。图 15 显示了在临界态的时候一个正在发生的崩塌。米堆轮廓在图中显示出来了。灰色部分表示在两次记录的时间间隔中已落下去的米粒。相反，黑色部分表明米粒流到哪儿去了，表示那些第二次记录时填上去的部分。因而在这两次记录的 15 秒间隔里已发生了一次崩塌。崩塌的大小由两个连续镜头之间向下滑落的总的米粒数量定义；对应沙堆实验，崩塌的大小被定义为两个连续帧之间谷物向下运动的总量，也就是谷物下落的数量加权于它们下落的距离。以这种方式测量到的崩塌大小等于损失的能量，或耗散的热量。

在稳定态，米粒在复杂的排列中动弹不得，在这种排列中米粒互相挤在一块，使得米堆变陡，甚至悬空（彩图 4）。对其表面轮廓的分析表明，米堆的表面就如同挪威海岸一样，是一个分形的结构，并伴随着大小不一的起伏及其他特性。和表面平整的一碗大米相比，临界态的脆弱程度从图中显而易见。

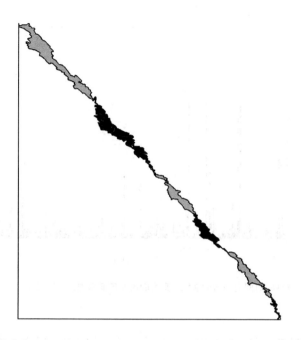

图15　米堆实验中的崩塌。在15秒的间隔里，大米离开灰色区域并到达黑色区域的末端。（弗雷特等，1995）

图16显示了在一次实验过程中，350分钟的时间里所发生的一连串崩塌事件。在这样一些测量的基础上，人们可以得出不同大小的崩塌的数量。对长颗粒状的大米来说，其崩塌是一个幂律，这就是SOC行为的征兆。测量不同大小的米堆，从而得出一个分布（图17，第85页）。米堆越大，崩塌越大。从小到只包含几粒米的崩塌，到大到包含成千上万粒米的崩塌中都观察到了同样的尺度行为。弗雷特和他的合作者们揭示出，不同大小的系统的曲线遵从相同的特性，也就是"有限尺度缩放"，这是临界系统的特性。因而，从实验室里的沙堆中也能观察到SOC，只要你有足够的耐心和恒心。

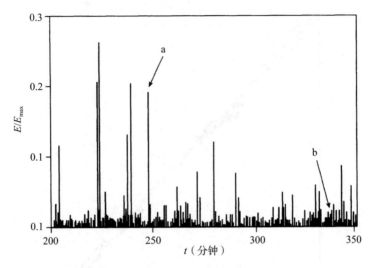

图16 350分钟的时间内测得的崩塌。直线的高度与崩塌的大小成正比。

通过把一些米粒染色，实验学家们能够追踪单个米粒的运动。这样做的结果表明，米粒的运动相当复杂，令人吃惊。滑动着的米粒并没有被束缚在表面上；米粒在整个米堆中进行了持续时间较长的复杂漂移。没有米粒会永远停留在米堆中，最终它们都会离开，只是有些米粒在米堆中停留了极长的时间。这种行为根本没有被理解，但是它并不会影响SOC行为，这一点可以由被导出的幂律证明。如果米粒的持续时间遵从另一个幂律，那会很有趣。

实验学家们可能希望在持续时间较长的实验中得到一些量级跨度更大的崩塌。然而，没有一位实验学家拥有自然界所具有的无穷的耐心，没有一个实验室拥有自然界所具有的那样广阔的空间，因而能用作研究的系统就受到了限制。对实际现象所做的观察，例如地震量级的分布，可能会比实验室中的短期实验在更大的范围内展示尺度行为，即幂律。毕竟，经过了数10亿年的发

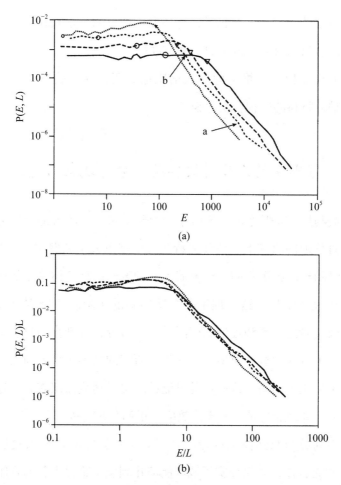

图 17 （a）长度为 L 的米堆中大小为 E 的崩塌的分布。不同大小的米堆有不同的曲线。通过系统地移动这些曲线，能使得它们彼此覆盖（b）。这个性质就称为有限尺度缩放，它喻示着临界性（弗雷特等，1995）。

展，地貌才达到了目前的这种状态。另一方面，实验室的实验允许在各种可能条件下进行，而自然界只代表一个单一的实验。这就是人们研究突发现象，如大崩塌时普遍会遇到的问题：实验必须容纳一切，从最小的长度尺度，如微观实体，到最大的有突发现象出现的长度尺度。相反，持还原论观点的科学家却认为，研究任何事物都只需在最小的尺度上进行。

无论如何，米堆实验令人信服地表明，在实验室条件限定下，颗粒材料的堆积会发生 SOC。

维则克的山体滑坡实验：分形现象出现

塔马斯·维则克是一名匈牙利物理学家，他的大部分精力都花在对分形的研究上。他和亚特兰大埃默里大学的费尔登·法米利通过随机原料沉积的方法发展了一种普遍的理论体系，从而能够描述表面生长。这个理论即众所周知的法米利－维则克尺度律，被实验主义者和理论家广泛采纳。最近，维则克为自组织构建了一个有趣的群鸟模型。他认为，所有的鸟朝一个方向飞，而没有一只领头的鸟，这一点是可能的。单只鸟只需跟着它附近的鸟即可。鸟的迁徙是一个集体效应，正如 SOC 一样。

维则克与布达佩斯厄特沃什·罗兰大学的同事 E. 索莫法和A. 奇罗克合作，不仅证实了沙堆能演化到一个临界点，而且阐明了自然界中景观形成的机制。为什么景观是今天这个样子？他们决定修建他们自己的小型景观，并且使它受到水的冲刷。这种类型的实验室实验可能会对研究地质结构如何形成的地貌学做出一定的贡献。

通过缓慢地把二氧化硅和泥土的混合物倒在桌子上，他们制成了一堆颗粒状堆积物。最初的"景观"具有山脉的形状。这座"山脉"由一个喷雾器来灌溉，这个买来的喷雾器被改装成符合实验要求的产品（注意，这是一个低花费的实验）。当水渗入山脉的时候，山脉的某些部分会浸水，这些湿润的部分就会从表面上滑落，像崩塌或泥石流一样。

做这个实验的目的是收集这个被水侵蚀形成的微小景观模型中泥石流大小分布的信息。而这是通过摄像机记录山脉轮廓的变动而完成的，正如弗雷特和他的合作者们在米堆实验中所做的那样，这些信息被录入一台计算机以供分析。

由于每个实验最终都会导致整个堆积物的完全瓦解，因而这个实验一次次地被重复，以便获得足够多的崩塌。原则上说来，为了能和实际景观的形成基本吻合，应当通过景观某些隆起来平衡浇水的过程。维则克和他的合作者总共进行了 9 个独立的冲刷实验，每个实验中的泥石流事件为 10～30 个。所有的信息都被收集到一起，画出了泥石流大小的一个直方图，展示了指数近似为 1 的一个幂律分布，表明系统具有自组织临界性。

实验还测量了由冲刷过程所形成的景观的许多其他性质。泥石流速度的分布又是一个幂律分布。最重要的是，他们测量了成形的景观轮廓的许多几何性质。他们发现景观是分形的，具有所有长度尺度上的特性！因而，维则克所在的组在一个实验中演示了分形能够从一个自组织临界过程中产生，正如沙堆模拟所预言的，以及奥斯陆组所发现的那样。

曼德博，使用分形概念的第一人，很少谈及自然界中动力学起源这个最重要的问题，却把自己束缚在分形现象的几何特征化上。在布达佩斯进行的实验直接表明，分形可以作为间歇中断或崩塌的结果出现，雕刻出我们所有长度尺度的特征。

因而，分形能被视为 SOC 动力过程中瞬间即逝的现象，这一点是一个非常吸引人的建议！在现实世界中，时间尺度要比实验室中的大得多，地表看起来似乎是静止的，因而我们可能没有意识到我们正在处理一个演化着的动力学过程。过去，地球物理学家们在处理诸如地震之类的问题时落入了这样一个陷阱，那就是把地震看作是在已存在的断层结构上所发生的现象。"鸡"（断层网的几何分形结构，或者说地貌的形态）和"蛋"（地震、土崩）被视为两种完全不同的现象。地球物理学家没有意识到，地震和断层结构可以是同一个硬币的两面，或者说，是一个特有的潜在临界动力学过程中的不同表现形式。

喜马拉雅"沙堆"

自然界中的沙堆坍塌遵从环境受控的实验室中观察到的 SOC 的幂律吗？为了把这个问题弄明白，位于阿拉巴马州的美国宇航局乔治·C. 马歇尔空间飞行中心的戴维·劳艾厄多年来一直在喜马拉雅地区调查沙石塌方。劳艾厄查阅了两个路面工程的资料。在尼泊尔的两条山路，6 千米长的慕苏里－特瑞尔公路和最近完成的慕苏里通道的 2 千米路段上，崩塌被清离了路面。最小滑坡的体积为 $\frac{1}{1000}$ 立方米，差不多一锹土的样子，而最大的崩塌体积为 10000000 立方米，因而滑坡的体积跨越了 11 个量级，相比而言，实验室中的实验只跨越了两三个量级。

与早期的沙堆实验相对比，这儿有各种大小不一的事件。崩

塌分布遵从一个大约跨越 6 个量级的幂律分布。幂律对于体积比
1 立方米小的崩塌不再适用。我怀疑这仅仅是因为并非所有只包
含几锹土的崩塌都被记录了下来，这正如并非所有较小震级的地
震都被记载下来一样（见图 2，第 15 页，对小地震有一个类似的
影响）。并且，小的滑坡可能已被路过的汽车和牦牛带走了。在
任何情形下，都存在着能延伸到很大范围的标度性。劳艾厄注意
到，源于一个陡峭的"超临界态"的崩塌能够侵蚀和产生崩塌。
他指出，一个显而易见的实验室装置"会系统地拉动或震动过分
陡峭的湿沙堆"。这基本上就是库尔特 1987 年在他的办公室窗台
上用一种无法控制的方式进行的那类实验。

岩渣的沉积

　　沉积作用形成的岩石通常会形成一种层状的结构，岩层的
形成是按如下过程进行的。首先，通过各种搬运过程，沉积物被
堆积在大陆架的边缘，沿着陆上的斜坡沉积。斜坡最终会变得不
稳，从而导致称为"滑塌"的类崩塌事件。滑塌会产生一大片的
泥渣，它们沿着海底平面流动，最终当这些泥形成的浊流到达较
为平坦的盆地时，它们就会慢下来，而这些浊流所夹带的泥渣就
会留在盆地上。按这种方式形成的沉积物被称为浊积岩。浊流沉
积事件的时间尺度为小到分钟、大到数天，而在任何位置上两次
沉积事件之间的时间间隔通常都达到数年至数千年。我们正处理
着一种间歇的、时而被打断的平衡现象。通过研究厘米级至米级
厚度的岩层，人们可以估算出导致沉积的崩塌事件的时空分布。

　　一些关于沙堆的实验并没有显示出自组织临界性，可姑且认为是因为惯性效应，这一点与我们的模型不一样，我们的模型没有包含沙粒的惯性或者说动量。这个发现是有趣的，并且与解释浊流沉积密切相关，因为滑塌发生在海里，所以有足够的水使浊流停下来。

(a)

(b)

图18　金斯顿峰组中浊积岩的照片（丹尼尔·罗思曼、约翰·格罗青格以及彼特·弗莱明斯摄）。这套浊积岩中的层状结构厚度范围很广（a）。图中的硬币作为比例尺（b）。

　　麻省理工学院的丹尼尔·罗思曼和他的合作者约翰·格罗青格，以及彼特·弗莱明斯曾开展过对浊流沉积的详细研究。沿着加利福尼亚死亡山谷南端的阿马革萨河，可以在金斯顿峰组（Kingston Peak Formation）的岩层上观察到浊流沉积。这套浊积岩大约是 1 亿年以前形成的。罗思曼团队所研究的样品是通过在岩层上钻一个几百米深的洞，并把沉积物从中取出而获得的。他们得出超过某个厚度的岩层的数量，并作出了通常的双对数直方图（图 19）。的确，岩层厚度遵从幂律，这正如 SOC 理论所预言的那样。

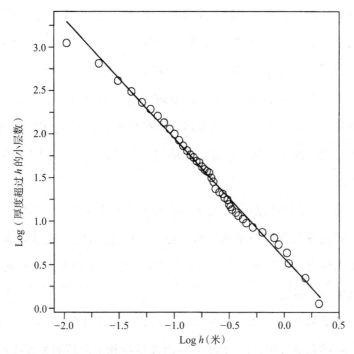

图 19　金斯顿峰组浊积岩中 **1235** 小层的厚度 h 的对数与厚度超过 h 的小层数呈对数函数关系。直线的斜率为 **1.39**。岩层厚度呈幂律分布，从而表明形成这些岩层的崩塌事件也遵从幂律分布。（罗思曼等，**1994**）

地貌学：偏离平衡的地表

地貌是复杂系统最基本的例子。简单系统在不同位置不会有很大差别。地貌则不一样。我们向四周环顾，能通过对地貌的准确研究来确定我们自己所处的方位，这是因为每个位置都和别的位置不一样。复杂性蕴含着惊喜。每次转弯，我们都会发现新的东西。是什么普遍的原则支配着地貌的形成？到目前为止，还没有一种普适的方法可以用来讨论和描述地貌的形成。

有一点令我感到疑惑不解，那就是，地球物理学家对他们的科学中那些基本原理没有多大兴趣。也许，他们想当然地认为，地球是如此复杂而无序以至于没有什么普遍的原理用得上，因而也就不存在普适的理论（物理学家的感觉）。然而，也有例外，其中包括一些非常杰出的科学家。康奈尔大学的唐纳德·特克特多年来一直致力于寻找主导地球物理学的普遍机制。尤其值得一提的是，他对于许多分形现象进行了拓展分析，并且构建了一些简单的数学模型，从而能够再现地理学和地球物理学中的一些普遍性质。

另一个例外是帕多瓦大学的安德里亚·里纳尔多。他所在的大学可被视为现代科学的摇篮。在 15 世纪的时候，通过观察和描述来研究人体，而不是通过无谓的哲学争论来研究人体的观点就诞生于帕多瓦。

里纳尔多是一名水文专家。他研究地球上水的流动 —— 陆地、海洋和空气中水的流动 —— 以及植物和水之间的相互作用。他对源于亚得里亚海而最终注入威尼斯海湾的海水流动的复杂动力学感兴趣。按照帕多瓦大学的优良传统，里纳尔多试图证实地貌形成中的一些普遍原理。他和帕多瓦大学的同事里卡多·里贡，以及伊格纳西奥·罗德里格斯－伊图尔贝（一位来自委内瑞拉、活泼坦率的地球物理学家），一起进行了关于河网形成以及河流对地貌作用效应的研究。小的河流基本上随处可见，彼此汇合形成较大的河流，这些河流又形成更大的河流，一直这样下去，直到最大的河流注入海洋。

众所周知，河流的分支结构遵从一种简单的、被称为霍顿定律的幂律。霍顿把河段的级数定义为在河流注入海洋之前必须经过的河段之间连接点的个数。霍顿定律表明，每一级的河段数随着级别提升呈幂律增长。这种等级结构表明河流网络是分形的，正如挪威海岸的峡湾的等级结构表明海岸是分形的一样。另一个经验定律表明河流的长度 L 和该河流的径流面积 A 有如下的关系：

$$L=1.4A^{0.6}$$

河流网络中的这些以及其他一些幂律是否暗示着 SOC？

在沙堆模型中，临界性由两个过程联合而得出：能量通过加沙或者倾斜沙堆而获得，能量又通过沙粒倒塌而耗散掉。里纳尔多小组推测地貌的形成通过一种类似的过程发生，在这个过程中能量通过一个隆起过程而获得（通过板块构造或其他地质过程），又通过风和水的冲刷而耗散掉。

在里纳尔多的模型中，如果水的流动对河岸造成的压力超过了一个临界值，就会有侵蚀作用发生。在某一点上的压力依赖于通过那个点时水的流动情况，以及地表的坡度 S。水的流动与河

流的径流面积 A 成正比，这里假设每一处的降雨量都一样，压力的表达式为：

$$压力=\sqrt{AS^3}$$

（不过在这里并不需要精确的表达式。）

模拟相当简单：从一个已知的河网地形开始，每一个位置的压力都能利用上面的公式算出来，从而确认出其压力超过临界值的那些格点。对每个这样的格点都移走一单位河岸泥沙，这也就进行了侵蚀作用的模拟。侵蚀过程过后不久，一个新的河网地形已经出现了，并且这个过程又被重复。通过使水在任何点上都朝着最陡的方向下行，得到了地形的环绕路线，从而构造出河流的模式。可以把侵蚀和一个普遍的隆升过程结合起来，在这个隆起过程中每一处地形的坡度 S 规则地增长。如果能做一下维则克做过的那种类型的实验室实验将会很有趣，在这个实验中，沙堆的冲刷过程与隆起过程（如沙堆的一个逐渐倾斜过程）联系在一起。

地貌最终进入了一个稳定态，在这个态，一个分形的河网经过了一个分形的地貌。图20呈现了一张河网的快照。由计算机模拟出来的河网在许多方面和经验观察到的是一致的，例如和霍顿定律以及描述河流径流面积与长度关系的定律都是一致的。幂律表明稳定态是临界的。彩图5显示了由这个过程产生的相关地貌。

里纳尔多对地貌形成的计算机模拟代表了一种审视地球物理的崭新方法。与用一个简单的图片编目过程或者说"集邮"来简单地描述所有的地球物理学特性不一样，模拟能揭示普遍的机

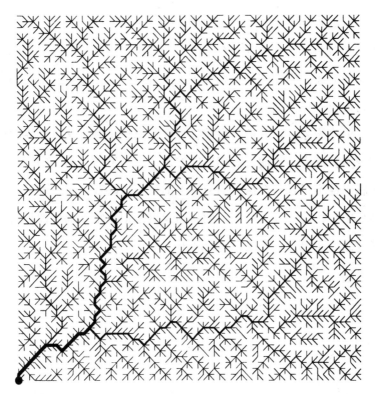

图 20　安德里亚·里纳尔多的河网。遵从一种简单的冲刷规则，计算机模拟出的河网和那些实际的河网类似，具有统计性质。

制。观察细节可能会很有趣而且吸引人，但我们能从这种普遍性的概括中学习。

　　里纳尔多断定，地球表面上河流网络的分形结构表明地壳已自组织到了一个临界态，形成了"偏离平衡"的地貌。还没有找到地球物理中分形形成的动力学机制。地貌的多样性可以被视为一个 SOC 现象。地貌就是动力学临界过程的一个个瞬间。

　　拜访一下里纳尔多和他的小组是特别值得的。我们的会议在威内托科学文学与艺术学院举行，这是位于威尼斯中部的一座引人入胜的古典建筑，距离里亚托桥和马库斯广场都不超过 10 分钟的步行路程。它和我们在布鲁克海文国家实验室的棚房形成了鲜明的对比。周围的环境激发了关于大自然的运作这一话题的生动讨论。

最终说来，正是把自组织临界性的思想用到了这个世界的许多现实特性中，才使得我们所做的理论上的努力是值得的。自组织临界性不只是一个深奥的数学上的计算机游戏，它代表了对自然界中事物的一种解释。下面将给出更多把自组织临界性与自然界遵循的动力学联系在一起的例子。

第五章　地震、星震及太阳耀斑

地震可能是自组织临界现象在自然界中最干净、最直接的例子。大多数时间里，地壳是静止的，处于稳态期。但有时候，这种表面上的平静会被间歇性爆发的、时而很强烈的活动打断，从而产生少数非常大的地震和更多的小地震。小地震对我们根本没有多大影响，因而科学上一直致力于对少数几个大的、灾难性的地震做出预测。科学家们采取了非常直接的办法，那就是对于第一个单独的地震或地震带建立他们各自单独的理论或解释；但目前还没有很多研究致力于对地震现象进行更全面普适的理解。地球物理学界是非常保守的。例如，早在1912年，德国气象学家魏格纳就在《海陆的起源》一书中提出，平面构造理论可以作为一个普遍理论来解释由于地壳平面的移动而导致的地震，但是直到20世纪60年代末，人们才发现其值得探讨。这一理论明显引人注目的特点之一，是它解释了为何非洲西部海岸和南美洲东部海岸会有相似的地形和地质构造。

不要误会了我的意思，对于穿上橡胶靴外出实地考察收集数据这一类型的科学研究，我有着最深的敬佩。这样的科学为所有的科学事业提供养分和基础。我只不过希望人们能以更富于开拓精神的态度，在一个更为广阔的范围内看待事物。

我曾经和一群人谈起过这个话题，不是和地球物理学家，而是在剑桥丘吉尔学院的餐桌上和一群宇宙学家。"为什么你们这些人的观点如此保守，全然不顾你们几乎已丧失了对你们自身领域进展的了解？"我这样问道。答案很简单，但同样令人惊奇。"如果我们不接受宇宙的一些普遍图像，尽管这些图像并不为事实所支持，那么就不会有什么东西把我们连结在一起形成一个科学团体。因为我们所用的任何图像都不太可能在我们的有生之年被证伪，因而无论哪一个理论都是一样的好。"这个解释是从社会学的角度而非科学的角度出发的。

对于地震的解释一般把地震同特定断层或断层带的特定断裂联系在一起。这可能是合理的，但这样的话，当然人们就不得不独立地解释每一个断层模式。类似地，我们"沙堆人"也可能得出正确结论，沙堆倒塌的根源是欲倒的沙，但是那并不会使我们深入了解巨大坍塌的一些性质。地震是由断层处或邻近断层的地方的断裂所引起的，这一事实本身并不能够解释令人信服的古登堡－里克特定律。

科学家非常不擅长于预报地震，这也并非因为他们缺乏努力。自然界的各种现象都被视为大地震出现的先兆，例如动物的行为、陆地上水平面的变化，以及小地震的频繁发生。利用最后提到的这种先兆，试图在大地震发生之前识别出地震的模式，这从原理上来说至少是合理的，但是并没有成功。尤其值得一提的是，有人声称在某个位置上地震是周期性的，这一结论只是基于不超过 2～4 个周期间隔的统计数据。值得注意的是，有情况表明在加利福尼亚州的帕克·菲尔德地震带，大约每隔20年就会有地震发生。多年以前一个重点投资项目成立了，目的就是研究下一次地震何时发生。该地区最近的一次地震发生于20世纪50年代，但是科学家们一直没等来下一次！和他们的气象学家同事们相比，地震预报工作者所取得的成绩少得可怜！"只有傻瓜、江湖骗子和说谎者才会预报地震，"里克特（古登堡－里克特定律以及地震量级的里克特标度之父）曾经这样说过。现象的周围是众多的民间故事。由于关于那些少数的大震动的记录少得可怜，因而人们可以对地震做任何预测，而不会被指为捏造。在做出预言的这个人的一生里，这些预言都不会受到挑战。

经过一场地震之后，人们的确可以在一定程度上详细地报告发生的事情。人们能够确认出是哪一处断层断裂导致了地震，从而精确地确定出震中。这些信息可能会使地震学家相信人们应该可以预言大地震。"再多一点点资金支持"就可能会成功。然而，沙堆模拟的经验告诉我们，事情并不总以那样的方式发展。因为，我们能极其精确地解释所发生的一切并不意味着我们能预言将要发生的一切。

在预言特定地震事件以前，需花一些时间来对地震做一个全面的了解。这一章讨论在过去的几年里所广泛开展的工作，这些工作支持地震是一种SOC现象这个观点。古登堡－里克特定律——远在人们思考自组织地貌之前就被发现了——是SOC现象的一个绝佳的例子。地震量级的分布是一个幂律分布，而量级范围可从最小的可测的地震（强度相当于一辆卡车开过），一直变到最大的、夺去成千上万人性命的地震。我无法想象能有任何一个地震理论不能解释古登堡－里克特定律。

古登堡－里克特定律（图2，第15页）是一个统计标度定律，它表明了每种大小的地震的数量。它并没有任何关于一次特定的地震的描述。这个定律是一个经验定律——它来源于实验结果，并且在这之前没有和物理学中的普遍原理联系在一起。

人们可能会认为，曲线上最大的事件（对于全世界范围内的地震事件记录，最大事件的量级约为9）有某些特别之处。这好像表明在尺度上必定有某些特别的机制，阻挠了大地震的发生。这很可能是一种错觉。最大事件只不过代表了我们一生中所遇到的最大量级。即使古登堡－里克特定律能扩展到包括量级为10的地震，我们甚至也不会有机会观察到一个这样的事件。一个寿命为100万岁的超人可能会观察到几个量级为12的地震，这些可能包括了比如从阿拉斯加州到南美洲南端的大多数地震带所发生的地震。同样地，一只能活1年左右的老鼠可能会觉得量级为6的地震非常有趣，因为这可能是它一生中所能遇到的最大地震。不幸的是，人们还不可能通过地质观察来检验在过去的10000年里是否发生过量级为10的地震。

标度定律表明量级为8或9的地震都没有什么特别之处，因为从地质学的角度来说，人的一生仅100年左右，而平面构造运动的时间尺度是以亿年来计算的。这并非就必然是一件坏事，由于物理规律在所有尺度上都是一样的，因而可以通过研究更为丰富且更好统计的量级为5或6的地震，深入地了解量级为8或9的地震。等上几十年以便获得大地震更好的数据的做法是毫无意义的。

地震的自组织

我第一次听说古登堡－里克特定律是 1988 年，在一次关于分形的戈登会议期间，那是在我们发现 SOC 后不久。戈登会议是一个非正式的、私下的会议，不同领域的科学家可以展示并和人们讨论他们最新的进展。戈登会议是一个了不起的组织，自创立以来一直为科学发展提供很大的舞台。每年夏天，戈登会议在一些小学院举行，这些学院的附近是新罕布什尔美丽的湖泊、森林及山脉。这个会议为科学讨论提供了极好的机会，同时还提供了大量娱乐身心的活动。正如我们之前看到的，进行科研活动的环境对产生科学创造力极为重要。

总的来说，科学家，尤其是物理学家，对于选择公共活动的地点表现得极为热心。物理学家的职业使得我有机会游览世界上许多著名的风景名胜，例如科罗拉多的阿斯本（阿斯本物理研究中心）、圣·巴巴拉（理论物理研究所）、新罕布什尔、威尼斯、中国的长城、莫斯科（朗道研究所）、圣菲（圣菲研究所），以及阿尔卑斯山脉（位于莱苏什的物理研究所，靠近霞慕尼）。研究物理不会使你富有，但你的确有机会游览富人们闲暇时度假的那些地方。

戈登会议讨论的主要内容是自然界中的分形结构。尤其令人鼓舞的是，它把许多不同领域的科学家聚集到了一起。更多典型的学术会议只讨论很窄的课题，而其中参与者都是这方面的专家。这次会议上有一名来自 UCLA 的发言者 —— 雅可夫·卡根，他强调了地震和地震带无标度行为的重要性。他指出，断层部分形成了分形结构，并且通过显示过去 70 年[①]里世界范围内的地震状况，表明地震量级分布是一个幂律分布。这是我头一次听到古登堡 – 里克特定律。

卡根对给地震蒙上一层神秘色彩的传闻，例如"特征地震"大小，进行了尖锐的反驳。我以前从来没有从事过地球物理方面的研究，并且对于这个话题也一无所知。然而，我被他的讲座所吸引。地震与我们沙堆模型中沙的坍塌是一回事吗？为地震提供能量的平面构造运动，就相当于在倾斜的模型中摇晃沙堆。断裂就相当于沙粒的倒塌。就像沙粒上不断增长的、由于缓慢倾斜而产生的力迟早会导致某处的沙倒塌一样，由于构造面之间相互挤压而不断增长的压力最终必然也会使某处断裂。正如倒塌的沙粒会以一种多米诺过程相互影响一样，断裂处也会通过力的传递相互影响，有时甚至会引起一个大型链式反应，一个大地震也就因此形成了。从更广泛的角度来看，人们可以把平面运动看作是"地貌巨变"的根源，把地震看作是"地震侵蚀"过程，根据里纳尔多的"偏离平衡态的地貌"图像可知，二者联合起来使得地壳组织到了一个临界态。

我返回了我们的实验室，并和汤超一起进一步进行了沙堆模型的计算机模拟。我们研究了一个连续的、确定性的情况，在这一情况下沙堆缓慢地倾斜，这就是第三章中 Z 为实变量的情形。

在我们脑海中的是一幅弹簧块阵地震产生器的图像（图21），在这个产生器中，断层结构由一个二维的块阵所代表，这个块阵放在一个粗糙的表面上。在现实世界中人们不能把地震局

---

① 指从 1996 年算。——译者注

限在单个已存在的断层上。古登堡－里克特定律与很大的区域内，比如加利福尼亚地区地震的统计规律有关。当然，我们无法像我们想做的那样，建构出一个加利福尼亚地区的实际计算机模型，数亿年里跟踪它的演化。在弹簧块阵模型（图21）中，弹簧片把块连到一个不断运动着的平面上。弹簧片就代表了平面构造运动对于断层附近的材质所产生的压力。块与块之间也用弹簧圈连起来。当所有弹簧的力加起来小于一个阈值的时候，每个块都吸附在表面上。弹簧把不断增加的力加在块上。当某一块上的力稍稍比阈值大一些的时候，这个块就会迅速朝着移动板的方向滑动。由于弹簧圈的原因，这将会增加加在四个邻近弹簧上的作用力，而且可能使得加在一个或多个块上的作用力超过临界值，结果使得这些块也会滑动起来。这将会导致一个代表地震的链式反应。这种模型在1967年就由UCLA的伯里奇和卡诺波夫介绍过。

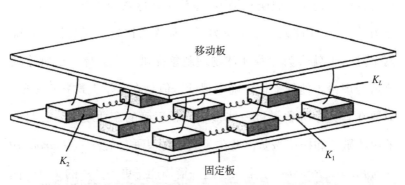

图21 地震断层的弹簧块阵模型。通过弹簧片把块和一块缓慢移动的板连在一起。块之间也用弹簧连起来了。参数 K_1、K_2 以及 K_L 表明弹簧的强度。块在一块粗糙的平面移动。当加在一个块上的作用力超过一个临界值时，块就会滑动起来。

现在是时候应用我们关于扭摆实验的工作的结果了。弹簧块阵模型的计算与耦合扭摆的计算极为类似。通过弹簧拉动块就如同同时缓慢地张紧所有摆，直到最终有一个摆转动起来，这恰恰是一个崩塌事件的开始。块的滑动与摆的转动是相对应的。同样，我们知道，一个摆的转动和沙堆模型中一粒沙的倒塌是等价的。因而，这三个模型从数学上来说是等价的；如果你已经研究了其中的一个，那么你就已经研究了所有三个模型！事实上，正是基于这个原因，我们才发现，连续缓慢被驱动的确定性的沙堆和最初的随机情形（随机性来自随机加入的沙粒）一样，得到了同样的幂律。因而，古登堡－里克特定律是地壳已经自组织到了临界态的一种证据。

不久以后，其他小组也独立地发现，地震可以被看作是一种SOC现象。尼斯大学的一对夫妇——迪迪埃·索内特和安妮·索内特，在投到《欧洲物理快报》（*Europhysics Letters*）的一篇短文中报告了他们的结果。他们指出，沙堆模型和弹簧块阵模型有着相似之处。迪迪埃·索内特也许是地球物理学家中最富于想象力的——或许太富于想象力了，如果可以这样说的话。每隔六个月，他就会为一些地球物理现象提供一个总体上的观察或普适的理论。他的平均正确率很低，但是在科学上这并不重要，只要在一生中你曾说过一些重要而且正确的东西就够了。日本的伊藤敬祐和松崎光弘曾经在《地球物理研究杂志》（*Journal of Geophysical Research*）上发表过一篇描述得更为详尽的文章。他们还研究了余震的可能来源（人们之前发现余震的发生也遵从被称作奥默瑞定律的幂律分布）。令人吃惊的是，这三个小组都选择了基本一样的标题："地震——一种自组织临界现象"。

另一小组，圣·巴巴拉理论物理研究所的简·卡尔森和吉姆·兰格，对一个更为详尽的模型做了详细的计算，在这个模型中，块体并不会像沙堆模型中遵循牛顿第二定律的沙粒倾倒一样，马上滑动到它们的新位置上。与沙堆实验不同的是，它们保留了块体的惯性。这种类型的计算十分缓慢，因而只能研究小系统。恰恰是为了避免这种计算，我们采用了较为简单的沙堆模型，而非复杂混乱的扭摆模型。选择这个较为简单的沙堆模型的另一个原因是，我们实际上并不知道加在弹簧块阵模型中的力，包括摩擦力的形式，因而不管怎样，这个模型都不是实际情形的真实体现。卡尔森和兰格为小地震找到了一个幂律分布规律，并且他们发现大地震的发生或多或少是周期性的，但这种大地震发生的分布情况并不出现在实际情况中。他们的模拟对早期芝加哥组做的沙堆实验进行了更好的描述。在芝加哥组做的实验中，惯性效应占了优势，从而妨碍了中等崩塌事件的发生。而奥斯陆组通过使用具黏性的长米粒从而减弱了惯性效应。

我们雄心勃勃，把关于地震观点的描述送到了世界上最著名的杂志，先是送到《自然》，后来又送到《科学》。我们的文章被两家杂志退回来了，遭到了那些不明就里的地球物理学家的反对。发展地震现象普适理论的想法是令人无法接受的。然而，应当感谢审稿人说明了他们的身份，这在通常的匿名审稿过程中一般是不要求的。我们完全理解人们可能因为这样的决定感到痛苦和愤怒。我们有必要指出，即使是再不重要的工作都能被发表，甚至是发表在《自然》这样的杂志上。大多数发表后的文章如同石沉大海，再也浮不出海面了。反而恰恰是因为你有某种潜在的比较新而且有趣的东西，你就陷入了麻烦之中。讽刺的是，自那以后，同样是在那些杂志上，非常规律地发表了将我们的想法应用于解释各种自然现象的几十篇文章。

不久后，在加利福尼亚州的蒙特利 —— 观看太平洋海浪绝佳处 —— 举行的一次地震会议上，我提出了我们的想法。在报告的过程中，我忍不住提到我的文章曾被坐在我左边的 X 教授拒绝从而不能在《自然》上发表，坐在我右边的 Y 教授也拒绝了我，因而我的文章也没有在《科学》上发表。这两个人的脸随即都红了。但那个时候，至少每个人都了解到了我们的想法。也是在这次会议上，吉姆·兰格报告了更为详尽的卡尔森 – 兰格弹簧块阵模型的计算结果。

最终，我们的文章被《地球物理研究杂志》的编辑阿尔伯特·塔兰托拉所接纳，他亲手处理这件事，力排众审稿人的非议使这篇文章得以发表。到 1995 年为止，已经有超过 100 篇的文章都支持地震是一种 SOC 现象的观点。

我们的模型对实际情况进行了尽可能的简化，并且在某一方面是错误的。我们最初的沙堆模型是守恒的，也就是说，所有倒塌的沙粒最终都落在邻近的格点上。整个过程中没有丢失一粒沙。这对沙堆来说是相当合理的。但是对于地震来说，弹簧块阵模型表明，没有任何理由要求作用力守恒。传递到邻近块体的作用力可以比滑动着的块体释放出的作用力小。当不在沙堆模型中加入守恒条件的时候，比如不让一整粒沙落在邻近的格点上，而是让 0.9 粒沙落在格点上，古登堡 – 里克特定律就只能在一个被截断的量级以下得以满足，而这个被截断的量级依赖于守恒的程度。在这一情况下将只会有小的地震。弹簧块阵模型将不再是临界的！

一处印刷错误导致了重要进展

这个问题的解答是偶然中得到的。1990年，我和陈侃应《地球科学中的分形》一书之邀，对我们关于地震的文章进行了扩充，这本书是由美国地质勘探局的克里斯托芬·巴顿编撰的。陈侃当时是凝聚态理论组的一名助研，从俄亥俄州立大学过来的。我们已经对沙堆的连续情形进行了充分的计算，在这种情形下所有格点的高度都均匀地增长直到某处变得不再稳定。

一段时间以来，巴顿一直对地球物理学中无所不在的分形十分感兴趣，因而他决定编一本这方面的书，而且每一章都由分形方面的科学家来撰写。巴顿很快意识到SOC是大量地质现象的潜在动力学机制，并且要求我撰写一章。不幸的是，我们送出给我们的同行先进行阅读的文章的预印本中有一处小小的印刷错误。下面的讨论不可避免地要涉及一些技术方面的问题。

让我们回顾一下对沙堆模型的讨论过程。当沙堆格点的高度f（也表示地震模型中作用于地壳的某一特定部分的作用力）达到4的时候，它会向它的4个邻块各传递一个单位作用力，于是高度f变为$f-4$。然而，我们写的是f变成了0。这对于一次崩塌中的首次倒塌来说并没有问题，因为倒塌格点的高度恰好就是4。然而对于随后的一些倒塌事件来说f要比4大，因而剩下的f比0要大，而且只有4个单位的作用力被传递出去。所以如果说f被重设为0的话，整个过程就丢掉了一些作用力。

奥斯陆的汉斯·雅各布·费德和他的父亲杰恩斯·费德一起决定做一些实验来检验SOC地震理论，他们把一片砂纸拉过一块毯子。砂纸的运动不是平滑的而是歪歪倒倒的。他们发现一系列滑动事件的大小服从幂律分布。汉斯当时是挪威奥斯陆的一名高中生。

费德父子决定利用我们预印本中谈到的方法来模拟地震实验。他们的确也得到了古登堡－里克特定律，但是他们获得的指数并不是我们事先预计的。杰恩斯·费德给我打了电话，告诉我他发现了预印本中的印刷错误。无意之中，他们研究了一个作用力并不守恒的模型，但还是得到了SOC。这一点很重要，因为当时在搞动力学相变的科学家中间，例如IBM的吉尔弗·格雷斯丁以及MIT的梅安·卡达等，流传着一个质疑，那就是，只有当系统被"调到"守恒时才会有SOC发生，这表明总的来说人们不可能在自然界中观察到临界性。当时我没有足够的证据来驳斥这个论断。费德父子在《物理评论快报》（*Physical Review Letters*）上发表了他们的成果。

1991年的夏天，我决定邀请汉斯·雅各布·费德到布鲁克海文来。那时候我身边有两位思想活跃的助研，一位是金·克里斯滕森，他后来参与过奥斯陆组的米堆实验，另一位是兹·奥拉米，来自以色列的博士后。金以前是丹麦阿赫斯大学的一名研究生，这个课题是他毕业论文的一部分。他早期的一篇文章，写于在丹麦阿赫斯大学就读本科期间，其中指出我最初关于沙堆的文章中对 $\frac{1}{f}$ 噪声的分析并不全对。幸运的是，经过那次失利后，我们又进行了一次合作。结果表明，对很大的一类模型来说，$\frac{1}{f}$ 噪声的确能出现在SOC态中，于是我们又恢复了平静的心态。你无法想象有比这一对差别更大的科学家伙伴了。金工作细心，有逻辑、有条理；兹有较强的直觉，毫无纪律感，但又充满了各种想法。这是一个十分理想的合作组，通过直截了当指出差劲的想法，金使兹保持诚实。

兹、金和汉斯从弹簧块阵图像（图21，第103页）着手，并把它转换成类似沙堆模型的一个数学演算系统：和通常一样，每个块体都受到一个来自移动中的平板的不断增加的作用力，而且还受到来自邻近块体的作用力。一旦作用在其中任意一个块体上的作用力超过了临界值 $f=4$，作用在这个块体上的力就会被重设为0，这一作用力中的一部分（用 α 来表示这部分的比例）被传递到这个块体的每个邻近的块体上。在一种特殊的情形下，即分数 α 是 $\frac{1}{4}$ 的情形下，模型就回到了原沙堆模型的确定性的守恒情形。当 α 小于 $\frac{1}{4}$ 的时候模型是不守恒的。

我们需要反复强调图21的模型并不能真正代表地震的原理。它是我们的球形奶牛[①]。地震不能被局限在单个已存在的断层上，它是一个三维分布的现象。古登堡－里克特定律不是某个断层的特性，而是整个地壳或者至少一大片地质区域的特性。理想的情况下，我们希望能够模拟地壳形成的整个地质过程，通过模型中的地震动力学本身产生具有分形结构的断层，从而说明地壳形成的过程将地壳驱使到了临界状态。我们现在使用的这一模型只不过是企图表明这种情况是的确可能发生的。

汉斯、金和兹在计算机上研究了这个模型。他们发现了不同

---

① 见第46页关于"球形奶牛"的比喻。——译者注

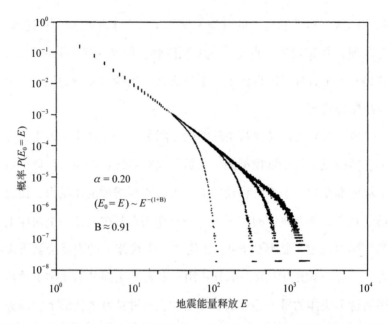

图 22 在人造地震的图表中发现了古登堡－里克特定律，这些图表中的数据来源于奥拉米等（1992）研究的弹簧块阵模型。不同的曲线对应于不同大小的系统。

大小且遵从古登堡－里克特定律的各种地震！（图 22）这个结果尤其令人感兴趣的是：（Ⅰ）经过对原伯里奇－卡诺波夫弹簧块阵模型的仔细分析，能够导出现在的这个模型，而伯里奇－卡诺波夫模型已为科学家们所熟知并接受（他们不必绞尽脑汁来说明有什么新"特殊"物理）；（Ⅱ）这个模型并不需要进行调参来进入临界态。幂律分布对大量的参数 α 的值都是成立的。他们甚至在模型中加入各种类型的随机因素，却并没有破坏临界性。

图 22 中不同的曲线对应于不同数量的块体。当系统的块体数增加时，幂律以一种系统化的方式延展到较大的事件上去，这种方式被称为"有限尺度缩放"，只有临界系统才满足这个标度性。相反地，如果系统不是临界的，那么截断就不受系统大小的

影响。

这个结果也发表在《物理评论快报》上。汉斯在中学毕业以前就已设法使自己成为发表在世界上最具权威的物理杂志上的两篇文章的作者之一。如果我的读者碰巧有自己的想法时，请不要害羞，全速向前，不要让任何职业科学家阻挠你。

这个模型仍然过于简化。当任意固体材料有一处断裂时，不仅邻近位置会受到影响，在实际情形下，弹力可延展到很长的距离。把这个因素考虑进去以后，陈侃、塞格·奥波夫和我又构造了一个更为复杂的断裂形成模型。从一个没有断裂的固体开始，一个分形的断层地带模型出现了，同时断裂事件有一个幂律分布。这个模拟表明，分形结构的断层模式和古登堡－里克特定律能从单个的数学模型中导出来。这些结果与实际的地震情形更为符合，在实际的地震情形中，地震活动分布在一个较大的区域内，而不是仅限于单个的断层处。许多地震还包含了断层间的相互作用，其中某处断层的断裂会在另一处断层上施压，于是在同一次地震中，受到压力的这个断层也会在同一次地震中断裂。

斯特龙博利附近的隆隆声

火山活动与地震一样也是间歇的，伴随着大小不一的事件。意大利帕那亚大学的帕罗·迪欧达迪领导的小组测量了意大利斯特龙博利附近区域发出的爆破声，也就是隆隆声。他们把压电传感器连到钢筒的自由端，用水泥将钢筒紧紧地砌在岩石上凿好的洞里。一个传感器放在离火山很远的位置上，另一个传感器放在

离火山较近的位置上。传感器测量火山爆发的强度分布。图 23
显示了两个信号的分布。尽管其中一个信号比另一信号要弱，但
是它们在双对数图上的直线都有着相同的斜率，指数近似为 2，
迪欧达迪声称这表明火山活动是一种 SOC 现象。

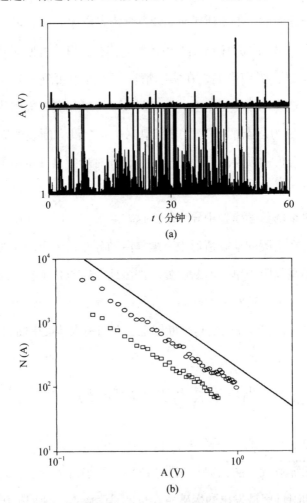

(a)

(b)

图 23 （a）对意大利斯特龙博利附近区域发出的声音的测量。两条曲线显示的是 1 个
小时里在离火山两个不同距离处测得的爆破声的强度。（b）爆破声的大小分布显示在
（a）中。这个分布是一个指数近似为 2，也就是直线斜率近似为 2 的幂律分布。（迪欧
达迪等，1991）

似乎人类的大脑还没有发展出一门能够解释复杂现象的语言。我们有时候能在本来没有什么事情的地方看出某些规律来，比如说"月球上的人脸"[①]，或者罗斯卡克心理学测试中的墨迹涂抹[②]。人脑不能够直接阅读根据地质现象观察资料画出的对数图上的乏味直线。起初我们试图通过认为这些现象是周期性的来理解它们，尽管它们并非周期性的，例如在赌场、地震以及火山中见到的情形都不是周期性的。当与周期性明显偏离的时候，比如一个事件长时间不出现，我们就说火山"进入休眠期"或地震断层"不再活跃"。我们企图使用语言来弥补我们不能正确发现事物中的规律这一不足，但我们使用得并不好。在一个人的一生这个时间尺度上，地震断层带上并不会发生什么特殊的事件——地震的发生在上百万年的时间尺度上其实是一个平稳过程。

地壳是临界的

在运用基础具体的计算机模型时，我们不应当忘记模型更深远的影响之所在。由于模型在进行一些修改调整的情形下也能保持鲁棒性，因而临界性并不真正依赖于我们对模型所做的具体选择。

我们的模型所产生的图像是令人吃惊的，而且十分简单。经过亿万年演化的地壳，通过平面构造运动、地震动力以及火山活动已自组织到了一个临界态。地壳已被建立在一个高度组织着的岩石、断层、河流、湖泊等结构上，在这种高度组织的结构中，

---

① 有些文化中，认为在满月时的月球表面图像中可以看出一些人脸的轮廓。
② 通过让被试说出能够在 10 组涂抹的墨迹中看出什么东西进行心理学测试。

才使得下一次发生的地震既可能只是一阵简单的隆隆声也可能是一次可怕的灾难，可以使用古登堡－里克特定律来描述的观察结果表明，这个构造过程可能确实发生过。

到目前为止，我们一直把地震、火山爆发、河网形成，以及导致浊流沉积的崩塌事件各视为独立的现象，但它们都是紧密相关的。地震使得河流改变了结构。在亚美尼亚，1988 年斯巴达克附近发生地震后不久，一条小河突然从岩石地形中找到了一条通道，而且这离它原来的河床有几百米远。和往常情形不一样，这种移动并非由河流侵蚀过程造成的。有观点认为，发生在一大片区域内的罕见事件，如地震或风暴，是浊流沉积的主要来源，也就是说，大陆架上的沉积物并不是由一个平滑的输运过程产生的。浊流沉积的分布只不过反映了地震的统计特性。

最终可知，地壳或许能被视为单个临界系统，其中临界性通过各种方式显现出来。沙堆理论只是解释了一个体系中的一个层次。沙必须从某处来——或许从另外的临界系统中来——而且它得回到某个地方——或许去驱动另一个临界系统。沙堆模型仅仅描述了复杂现象形成的层级过程中的一步。同样地，地壳平面是它们自身的分形结构，表明它们源于另一个临界过程，或许与地球内部物质的对流运动有关。

脉冲星频率突增与星震

自组织临界性不仅地球上有，宇宙中的其他地方也会有。一个可能的例子就是脉冲星，它是不断转动着的中子星。有时脉冲星的转动速度会发生突变。这种速度上的突变就被称为"脉冲星频率突增"。有些频率突增很小，对应着速度上的一个小的改变；有些则很大，对应着速度上的一个大的改变。

奥斯汀得克萨斯大学的瑞卡多·加卡亚－皮雷欧和奥斯汀伊利亚－普里戈金中心的 P. 莫利观察到了一些有趣的现象。利用过去 25 年收集到的资料，他们把不同大小的脉冲星频率突增事件的数量画到直方图上，发现脉冲星频率突增事件也遵从古登堡－里克特定律（图 24）。他们认为脉冲星频率突增是由"星震"按下述方式产生的。脉冲星的表面要承受巨大的引力压力，在这种压力下，有时表面会变形，因而表面的一些部分会塌陷。莫利和

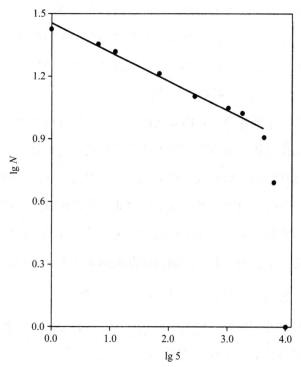

图 24 脉冲星突增事件遵从古登堡－里克特定律。（加卡亚-皮雷欧和莫利，1993）

加卡亚－皮雷欧把这种塌陷称为"星震"。星震会导致脉冲星的转动速度增加，这就如同一个滑冰者，当她抱住双臂的时候转动速度会增加。一个小的星震会导致频率上一个小的增加，一个大的星震会导致频率上一个大的增加。因而脉冲星频率突增事件的大小也就反映了星震的大小。莫利已经建立了一套脉冲星塌陷理论。当然，我们对于脉冲星的了解比对我们自己星球的了解要少得多，因而这种模型并不非常可信。

黑洞与太阳耀斑

黑洞是一个巨大的物体，任何东西都无法逃离其表面，即便光也是如此，因而我们只有通过观察黑洞引力作用在其他物体上的结果来洞察它的存在。黑洞从它周围吸收大量的粒子，而这些粒子一旦被卷入其中就会不见踪影。

最近日本的峰茂、竹内以及西森提出，这种过程非常类似于沙堆的运作过程。物质暂时被堆放在黑洞周围的圆盘中。气体粒子从外部环境随机地加入这些堆积的圆盘中去。当圆盘的质量密度超过一个临界值时，堆积起来的物质就会向内滑移，像崩塌一样，从而发射出能从地球上观测到的 X 射线。我们可以把这个过程想象为一个沙漏，其中沙通过底部的洞落下去，而沙是由外部加入的。X 射线强度的起伏有一个 $\frac{1}{f}$ 谱。依据对天鹅座 X–1 黑洞 X 射线的观察资料，以及一些简单的计算机模拟，作者得出结论：黑洞形成是一种 SOC 现象。

　　然而，我们不必走得这么远，远到宇宙中去寻找服从幂律分布的 X 射线的来源。太阳耀斑就是这些想法得以运用最合适而且最为壮观的例子之一。与脉冲星和黑洞相比，我们能直接观察到太阳正在发生的一切，而不用过多猜测。太阳无时无刻不发出耀斑。大多数的耀斑相对来说较小。有一些耀斑较大，但出现的次数较少，而且会导致地球上微波通信的中断。

　　所观察到的太阳耀斑在能量和持续时间上都有一个大的动力学范围。耀斑发射出 X 射线，其强度可以通过测量 X 射线的强度而获得。图 25 显示了 NASA 一个空间飞行器上的仪器测出的 X 射线的分布，这是由 B.R. 丹尼斯提供的。这个图显示了耀斑的频率与它们的强度之间的关系，后者是由测得的"计数率"给出的。需要注意的是，直线特性跨越了四个以上量级。曲线在耀斑

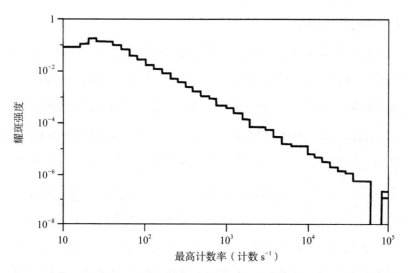

图 25　来自太阳耀斑的 X 射线直方图，是由 NASA 的 ISEE3/ICE 卫星测得的（丹尼斯，1985）。图上显示了给定强度的太阳耀斑的相应数量，用"计数率"表示。这些数据在四个量级上符合一条直线。该统计图未纳入少数大事件。

较小处显得比较平坦，这是因为从 X 射线的其他来源的背景中分辨出小的耀斑显得较为困难。直线的斜率，也就是相应的幂律分布的指数 τ 大约为 1.6。

许多年以前，在马里兰的哥达德太空中心举行的一次自组织临界性学术讨论会上，我报告了这些结果。一位听众站起来说："我就是作这个图的丹尼斯。实际上，我们现在有更多的数据，你可以把这个直线标度再往上扩展两个量级。"

太阳耀斑的物理极其复杂。耀斑与形成太阳的等离子体中的磁场不稳定性有关。一直有很多理论上的努力试图理解其根本的机制。气体的对流运动以一种恒定的速率把能量注入磁场中。某一个时刻，会出现不稳定性，会导致磁力线结构的断裂，这可以看作是磁力线的重连接，就像把鞋带上的扣剪开再把被剪开的两端接在一起一样。读者可能会觉得很难理解这幅图像。不要灰心——我也不懂。

E.T. 卢和汉密尔顿依据这种类型的物理构建了一个简单的太阳耀斑理论。局域的磁场不稳可以被视为沙粒的倒塌，将引发日冕层的磁场不稳，从而形成一场崩塌。这场崩塌也就是我们所看到的太阳耀斑。E.T. 卢和汉密尔顿构建了一个极为简单的模型，与沙堆模型及费德、奥拉米以及克里斯滕森等研究的地震模型有着很多相似之处。太阳的表面用一个网络来表示，网络中的每一个方块里我们都定义一个磁场 F。与地震模型不同的是，磁场是一个矢量场，就像一个箭头有三个正交的分量一样。的确，太阳表面的照片显示出颗粒状的结构，更像沙堆中的沙粒。系统是通过往矢量中缓慢加入小的分量来驱动的。当"斜率"，也就是某个格子中的磁场与它邻近的六个格子中的平均磁场之差，超过某个临界值的时候，就会有磁力线的断裂。而这种断裂是通过重新调整不稳格子中的矢量场以及邻近格子中的矢量场来进行的，结果使局部的结构得以稳定。然而，这种重排能导致邻近格点的斜率超过稳定阈值，从而导致下一次的磁力线断裂。

令人吃惊的是，这个简单的理论能十分准确地解释卫星的观察结果。E.T. 卢和汉密尔顿计算了许多不同的物理量，包括耀斑能量分布以及能量给定的耀斑的持续时间。他们所有的结果都与卫星资料吻合，例如他们得到能量分布的指数 τ 为 1.52，这与卫星测得的指数 1.6 十分接近。

E.T. 卢和汉密尔顿得出一个简单的结论：太阳日冕层正处于自组织临界态，他们用理论解释了为什么影响无线通信的巨大事件平均每 10～20 年就会出现。这些大事件不是周期性的，但与大地震及生物演化中的大规模灭绝事件有着统计上的相似之处。这些大事件位于分布曲线的右尾端。如果我们有足够的耐心，我们一定能遇到那些破坏效果更大的耀斑事件，这些事件具有更大的破坏性，且通过外推临界行为的幂律分布，将得出其频率。

第六章 "生命的游戏"：
复杂性就是临界性

到目前为止，我们已经探讨了地球上及宇宙中的一些现象。然而，有一种地球物理现象未提及，也是其中最复杂的一个，那就是生命现象。在早期探索自组织临界性的过程中，我们根本就没有想到过生物；我们头脑中只考虑了没有生命的物质。然而后来情况发生了彻底的转变。本章只讲述生命故事的"三幕"中的"第一幕"，接下来的三章会继续谈到更多的内容。我们为相互作用的物种生态学演化建立了一些简单的数学模型。然而，为了便于理解后面即将出现的理论内容，在此对这些工作做一个历史的回顾。

"第一幕"不是关于生命，而是"生命的游戏"，是一个关于有组织的复杂群落形成的简单模型。我们显示出游戏是运转在临界态上的，或者至少运转于临界态附近。第二部分令人迷惑又泄气，说的是与其他研究复杂现象的科学家进行的冗长且没有多大成效的讨论与合作，这部分的工作与新墨西哥州圣菲研究所有关。这并非一个伤心的故事，只不过表明通向新科学的道路是曲折的。通常，最初的研究总是错的，或至少信噪比很低。圣菲研究所受到了尖锐的批评，主要是因为在得到最后结果以

前，他们就把研究所向外人敞开，而且允许科普作家参与最初的
过程。

经过一段黑暗的路程之后，最终在末端有了一丝亮光。我们
将在第八章中看到，与生物学相关的模型的确能演化到临界态。
不仅这样——某些模型是如此简单以至于模型的许多性质能用
笔和纸严格推导出来，而不必全依赖于计算机模拟。

"生命的游戏"是一个元胞自动机。斯蒂芬·沃尔弗拉姆当
时在普林斯顿高等研究所工作，指出这些简单的装置可作为研究
复杂现象的试验场。元胞自动机比起通常用来描述复杂湍流现象
的连续偏微分方程组要简单得多，而它们的行为很有可能是相似
的。元胞自动机定义在一个网格上，类似于我们沙堆模型中定义
的网格。沃尔弗拉姆主要研究了一维晶格，但元胞自动机能被定
义在任何维的网格上。网格的每个点上都标有一个数，要么为0，
要么为1。在每一个时间步长上，所有方块上的数字按照一个简
单规则同时改变。在一维情形下，给定某个网格当时的状态及它
相邻网格的情况，规则就能指明下一个时间步长上每个网格的内
容。规则可以是，比如，如果3个网格中有两个或多个为1，则
该网格为1；否则为0。

可以证明在一维情形下，这样的规则有$2^8=256$个。假如从
一堆0或1随机结构开始，一些规则会导致一个"平凡态"，其
中的数字经过一段时间后会进入一个静态的状态。有时候，规则
会导致一个"混沌"状态，其中数字会以一种杂乱无章的方式变
化而不遵循任何模式，就像一个没有信号的电视频道一样。有时
候，规则会产生规则的几何模式。沃尔弗拉姆推测还有第四种可

能，不幸的是，这种可能从没有被定义过（因此也就没有被发现），在这种情形下，自动机永远都会产生新的复杂样式。

现在已通过计算机模拟，尤其是德国克勒根大学的迪特里希·施陶费尔做的计算机模拟，证实了一维的自动机都不能真正体现复杂行为；它们都可以被归入前三种情形。

沃尔弗拉姆从来没有提出过任何细胞自动装置理论。最终，他彻底放弃了科学研究活动，接下来又组织了一个计算机软件公司，这个公司最大的成果是发明了对数学表达式自动计算的软件（Mathematica）。沃尔弗拉姆经常发表他的观点，认为自动装置在"数学计算上是无法约化的"，或者说不确定的，这意味着想要确定在特定规则和初值条件下的演化结果只能依赖于计算机计算。然而，这种观点可能看起来像是要抛开数学家，这并不妨碍物理学家用统计的、概率的观点来描述现象。物理学家所遇到的许多问题，例如相变动力学模型，很可能是不确定的。数学计算无法约化的问题并不会使物理学家失眠，因为也有很多近似的方法能够深入了解问题的本质。

在二维情形下，有着比一维情形更为丰富的世界。通常，更新一个格点的时候要考虑近邻8个格点——处在左、右、上、下位置上的，以及4个角即左上角、左下角、右上角、右下角位置上的格点——而且还要考虑格点自身。总共有2^{512}种可能的规则指明如何修正一个细胞，2^{512}是一个数字1后面跟着150多个0的数。显然不可能把这些情况都弄清楚，即便利用一台计算机。

早在沃尔弗拉姆之前，普林斯顿大学的数学家约翰·霍顿·康威就研究了数以10亿计、被称为生命游戏的二维规则。很可能，他是企图构建一种模型，来说明生命群体复杂结构的起源。尽管"生命的游戏"从来没有从生物学的角度加以严肃考虑，它还是帮助阐明了复杂现象能从简单定域规则中产生。20世纪70年代早期，马丁·加德纳在《科学美国人》（*Scientific American*）的一系列经典文章中描述了"生命的游戏"。在这种简单的游戏中，加德纳让他的读者怀着一种激动的心情从这个简单的游戏中寻找复杂且有趣的现象。

这个游戏是在一个二维格子上按下述方式进行的。每个格子中可能有也可能没有一个个体。一个活的个体用1来表示，或者像彩图6～8中展示的那样，用一个蓝色格子表示。如果里面没有个体就用一个0或者一个淡灰色格子来表示。在每个时间步长中，某个格子及与其相邻的8个格子中的活的个体总数被记录下来。如果那个数比3大，那么那个格子中的个体就会死去，假设是由于过度拥挤导致的死亡。如果那个数是1或0，那么其也会因为孤独而死去。如果一个空格子恰好只有3个近邻的活的个体，那么这个空格子中就会生出一个新的个体。红色格子代表下一时间步长中会有新个体出生的空格子。在彩图6～8中，即将在下一步死亡的个体用绿色格子表示，即将有新个体诞生的空格子用红色表示。注意到每个红色格子的确恰好被其8个近邻中的3个蓝色格子所包围。

无数复杂的结构都可以通过上述这些规则形成。彩图6～8中展示了一些表示存活个体的蓝色团簇。每个有生命的格子邻居格子中有生命的数量或是2或是3。也存在可以跨越晶格的构型。最简单的是彩图6右下角展示的"滑翔机"。在很短的时间步长中，"滑翔机"构型能沿着网格对角线移动的方向自我复制。它会继续滑行直到它撞到某个东西。灰色的区域表明那里最近有活动，因而"滑翔机"的路线看起来像是它后面拖着一条灰尾巴。"闪光灯"[①]在两种状态之间来回移动，一种状态就是水平线上有3个个体，另一种状态就是垂直线上有3个个体。而闪光来源于2个绿色位点上的死亡伴随着2个红色位点上的新生。从彩图6中可以看出，还有更复杂的包括4个闪光灯的情形。还有令人难以置信的精巧结构，例如"滑翔机"，它以某种常规的速率产生"滑翔机"，然后沿着对角线方向把它们发射出去。甚至还有让"滑翔机"来回蹦个不停的结构。生命游戏中数目繁多且各式各样的长寿命结构是涌现出复杂性的证据。康威对这个游戏的兴趣在于它能够创造这些吸引人的有机体。

迈克尔·克罗伊茨是布鲁克海文国家实验室的一名粒子物理学家，因粒子物理中"格点规范理论"的贡献而备受瞩目。1988年迈克尔考虑把计算方法运用到基本粒子物理的现有理论，即相对论量子场论中。粒子用三维格子中的一个统计样本来描述，而不是放在连续空间中，这样做是为了使问题在计算上更容易。陈侃、迈克尔·克罗伊茨和我都开始对生命游戏感兴趣起来。我们的兴趣不在于像"集邮"一样收集所有的复杂结构，而是从总体上理解是什么使得生命游戏成为这个样子的。康威所选择的特定规则又有什么特别之处？

如果游戏从生命个体的一个完全随机的团簇开始，经过一段时间后会慢慢静止于一个团簇中，在这种团簇中只有稳定的静态

---

① 有点像信号灯，左边亮一下，右边亮一下。——译者注

结构以及简单的闪光灯，所有移动着的物体，如"滑翔机"，都会死得一干二净。这向我们表明生命游戏可能运转在一个临界态上。为了验证这个假设，我们进行了仔细的计算机模拟。

我们从一个随机结构开始，并且让它停在一个静止的团簇中。这样一个静止的团簇，里面只有稳定的团簇和"闪光灯"（彩图7）。我们接着在其中进行单个"变异"：再加入一个个体或随便在某个位置上拿掉一个个体。这和沙堆模型中往随意的位置上加一粒沙是类似的。单个个体的加入可能会使一个生命格子死亡，原因是它邻居格子中生命的数量太多。也可能由于使那些死亡格子的邻近生命格子数从2增加到3，从而使格子中产生一个新生命。一段时间里，这将产生一些繁殖与死亡的活动，其中新的生命团来来去去，并且滑行动物也来回移动。最终又停在了另一个结构中，其中只有静止的物体或者说简单的周期"闪光灯"。接下来我们又进行另外一个"变异"调整，并且等待这种扰动消亡得一干二净。有时候在经历了少数灭绝事件与繁衍事件后生命游戏才停下来，有时则需经历大量事件。

我们一次又一次地重复这个过程。加入或移走一个个体，过程就开始了，随后到了一个静态的结构时，过程就终止了，这整个事件就称为一次崩塌。崩塌的大小 S 就是崩塌停下来以前所发生的所有死亡与繁殖事件的总和。崩塌的持续时间 t 也就是所经历的时间步长的数目总和。S 从数值上来说要比 t 大一些，因为在每个时间步长上通常会有多个繁殖与死亡事件同时发生。彩图8显示的是正在进行的一个崩塌事件。灰色区域显示的是在崩塌过程中那些至少有一个个体产生或灭亡的格点。

由于包含超过 1 亿的繁殖与死亡事件的最大崩塌的量级很大，因而计算上相当耗费时间。出乎意料的是，我们发现我们这些被认为是国家重点实验室的严肃科学家们，能够成百个小时地在实验室最大的主机上玩计算机游戏。

这个分布是通常的幂律分布，显示在图 26 中。按通常测量曲线斜率的方式所获得的指数 τ 为 1.30。这表明生命游戏是临界的！令人吃惊的是，把生命游戏与粒子物理中一些成熟的理论联系起来，以此为根据，人们建立一个关于 τ 值的理论，这些我们将在第九章中看到。时间步长的数目遵从另一个幂律，利用同样的理论可计算出其指数。这种伤脑筋的联系是许多年后由玛

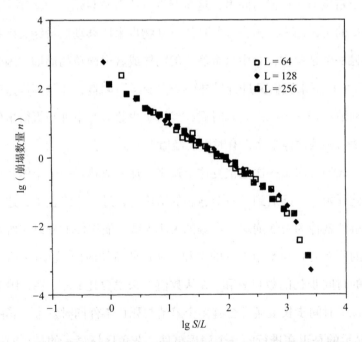

图 26 生命游戏中崩塌大小的分布。当用崩塌的数量 n 与 S/L 而不是 L 作图的时候，对不同的 L，曲线相互重叠。这表明存在有限尺度缩放，这是临界现象出现的征兆。幂律的指数 τ 为 **1.30**。

雅·帕祖斯基发现的，他是在布鲁克海文能源研究部工作的一名研究员。

按照我们最早的工作，很多人又另外进行了一些计算机模拟。有一些工作是在巨型并行计算机上进行的，这些计算机的功能要比我们的强得多。一些研究人员，包括丹麦玻尔研究所的普里本·阿斯托姆，证实了我们临界性的结论。另外有一些人声称实际上崩塌的大小有一个极大值；德国尤利希研究所的詹·海明森声称没有发现超过 10 亿个变化的崩塌，但是由于这些大崩塌的事件本身就十分稀少，使得统计上很难记录到，因而还不能下定论。在任何情形下，系统都是极其封闭的，只有不到一亿分之一是临界的。然而，如果后来这些科学家是对的，那就会有一个令人难以置信的事实，即生命游戏是临界的。迪特里希·施陶费尔系统考察了上百万个二维细胞自动装置，并没有发现一个例外的临界模型。这表明生命游戏并不能体现稳固的临界性。如果你改变规则，你就破坏了临界性。

自组织临界系统必须恰好处于临界态且没有任何调节。如果生命游戏中的临界性不是自组织的，那么它一定是偶然的。康威一定是把它调得极靠近临界性。康威是生命游戏的钟表匠！我们不知道康威在找到生命游戏之前做了多少实验，因为生命游戏在数不清的规则中间是极为独特的。他对于生物的内在复杂性很感兴趣。但我们的计算表明，在他成功地构建出展示大量复杂性的事物的同时，他已经不经意地把系统调到了临界状态！在康威工作的时代里，甚至在平衡系统中对于临界现象的概念也知之甚少，因而康威不可能知道一些关于临界性的东西。在那些可能的规则中，他恰好就找到了那个处于临界态的。我仍感到纳闷，究竟是什么使他想到了这个荒诞得几乎不可能的模型，鉴于当前世界上最强大的计算机仍然没有能够得出同样复杂的模型。

只有临界态允许系统在稳定复杂现象产生之前用多种不同的物体做"实验"。超临界的以及混沌的规则都将冲掉那些可能出现的复杂现象。次临界规则会使系统进入一个平庸的简单结构。

意思已经很清楚了，我们从直觉上认为复杂的现象，例如生命游戏中"生长"结构的形成，起源于一个全局的动力系统。可以在局部上观察到的复杂性，比如人类的复杂性，都是全局临界过程中的一个局部体现。没有任何非临界规则能产生复杂性。复杂性是临界性的后果。

第七章　生命是自组织临界现象吗？

从描述没有生命的物质到描述生物现象，这一步看起来十分复杂烦琐，但或许也并非如此。也许支配地球物理中复杂性的原则同样支配着地球上生命的演化。自然界不会突然创造一个新的组织原则来允许生命物质涌现，而极有可能是，生命起源时，一个"旁观者"看见了一些不显眼的事情——一个连续的相变（这可能就是一个"崩塌"），从简单的化学反应发展到越来越复杂的相互作用，而其中并没有十分剧烈的相变点表明在某个确定的时刻生命开始了。生命不可能从一种像DNA那样复杂的化学物质开始，DNA由4种不同的复杂核苷酸分子构成，这4个分子成链并且盘旋成一种双螺旋结构。DNA自身必定代表了一种非常高级的演化状态，而这种状态是由通常被称为生物前进化过程中的大量偶然事件组成的。也许早期的那些过程所遵循的原理与今天的生物学原理是一样的，因而生物阶段与生物前阶段的划分只是过程的等级链的另一种任意划分方法。

也许通过一个连续的自组织临界过程，我们能用一根"线"把天体物理和地球物理与生物学连在一起。在这种情形下，从化学到生命这个演化过程中的所有中间阶段都是遥远的历史，因而我们视地球物理学和生物学为两种全然不同的科学。

生物学研究的是数以百万计的物种之间的相互作用，而每一个物种都存在着数不清的个体。人们可以推测其动力学与具有数以百万计的相互作用的沙粒的沙堆类似。然而，要找到一种合适的数学工具来实现这种想法却是一个漫长又艰苦的过程。我的很多这方面的想法都是在圣菲研究所中产生的，而且大多是与定居在那里的斯图尔特·考夫曼讨论得出的。有 3 年的时间，斯图尔特和我都在原地兜圈子，没能做出一个合适的演化模型，但最终该工作迎来大转机。

圣菲研究所

新墨西哥州圣菲研究所是一个气氛活泼的研究中心，在那里研究复杂系统的人们进行交流与辩论。用斯坦福大学经济学家、花旗银行教授布赖恩·阿瑟的话来说，"这是一个生物学家能听到一个经济学家解释喷气飞机引擎工作原理的地方"。在一种开放的环境中，研究所把许多极具想象力而又属于截然不同领域的科学家聚集到了一起。在圣菲举行的会议就是连续不断的智力风暴。

这个研究所是乔治·A.考恩辛勤工作的产物，他是离圣菲研究所不远的洛斯阿拉莫斯国家实验室研究部的前负责人。这个研究所通过接受一批顶尖科学家而充实了其后备力量，其中包括菲利普·W.安德森，他因凝聚态物理的工作而获得诺贝尔奖；默里·盖尔曼,他因发现粒子物理中最基本的粒子——夸克,而获得诺贝尔物理学奖;以及经济学家肯尼思·阿罗,他因普适平衡经济理论而获得诺贝尔经济学奖。

最简方法往往是通向诺贝尔奖的最好途径。具有讽刺意味的是,这个研究所信奉的哲学与激励那些绅士们去拼搏的最优原理科学是极其冲突的。复杂性处理各门科学中的普遍现象,因而复杂性研究受益于跨学科方法。然而,由于科学的社会性,需要一些顶尖人物来改变科学进程。大多数有名望、有地位的科学家不愿意冒险涉足那些新领域,对年轻科学家来说这也有一个极好的借口,如果他们脱离了传统科学,他们就会无法前行。

从传统的角度来说,跨学科的研究一般不会取得很大成就。不同学科的本质有着天壤之别:物理学研究原子、夸克和弦;生物学关心的是 DNA、RNA 和蛋白质;经济学中经常谈到的是买方与卖方。试图找到它们的共同背景的尝试总是显得很做作。在大学里,不同的学科从一开始就被划归到专门的系,彼此间关联不多。这就为科学留下了广阔的探索空间。然而,一种新观点出现了,而且其中有可能存在支配所有那些学科的共同原理,这一点并没有在不同领域的微观机制中直接反映出来。也许是因为不同"砖块"间的相互作用方式,而不是它们的排列方式,唤起了它们的共性。

由于圣菲研究所并没有永久科学家的职位,所以当有新想法的时候它能迅速转变它的研究重点。很多外面的科学家与这个研究所有联系,而我较荣幸地成为他们中的一员。不同的是,随着科学家逐渐变老,传统的实验室环境倾向于固定其研究模式。一般说来，几位长期访问学者、一些短期访问学者，以及几名年轻的博士后在研究所里工作。除此之外，当举行学术讨论和会议的时候，不同领域的科学家会聚集到一起。

这些会议迫使我们从更长远的角度来看待科学。在我们的日常研究中，我们倾向于把自己的领域认为是世界的中心。这种观点被我们的同行团队加强，由于学科划分，这些队伍同我们工作在相同的领域。没有任何改变方向的机制存在，因而越来越多的力量投入那些已经研究得极为透彻，而且也有了很大成就的、越来越深奥的学科领域中，例如高温超导、表面结构，以及电频结构，丝毫不留余地给其他领域。没有人想过后退一步自问："我为什么要做这个？"实际上，如果问这个问题，许多科学家会不知所措。

在研究所组织的一次会议上，这种情况让我吃惊。布赖恩·古德温，一位英国生物学家，在他的《豹的斑点是如何形成的？》（*How the Leopard Got Its Spots*）一书中发表了他自己的生物演化观，他邀请了 20 位科学家来参加一个"思考生物学"的会议。他邀请了一些什么人？几位生物学家，两位工程师，几位计算机专家和数学家，一位医生以及几位物理学家，包括我，以及几位无法归类的科学家。古德温并不是生物学权威 —— 否则他就不会待在研究所了，但是在原来的研究所他可能一直为分子生物问题绞尽脑汁。

"真见鬼，这说的都是些什么？"刚到研究所，我就问道："你组织的是一个'思考生物学'的会议，为什么你不邀请那些真正在思考生物学的人？""这就对了！"布赖恩声称，"基本上还没有任何人考虑过生物学的本质。"

那又能怎么样呢？当时（现在也可能[①]）在物理界大约有1500多名科学家研究高温超导，这是一个在当时引起了广泛的兴趣而且在技术上也是极为重要的学科，但是没什么能证明这种研究热度是合理的。同时，只有一小撮分散的力量研究生命本身，尽管这也许是所有问题中最有趣的。

我第一次访问这个研究所是在这次生物会议之前，也就是1988年的秋天。当时，一位物理学同事称我为杜克大学的理查·帕尔莫。"我们是对你的沙堆思想感兴趣的一帮人，"他说，"布赖恩·阿瑟正在组织一个经济学方案，他欢迎你来参加。"经济？我对经济懂多少？

这个研究所开始改变我对科学的看法，并且逐渐极为深刻地影响了我的研究。我很快就爱上了这个地方。讨论常常会在研究所中心的一个小庭院中进行，或者在附近的新墨西哥餐厅进行。数不清的非正式的关于生命、宇宙，以及任何其他事物的热烈讨论，在我们的"教工俱乐部"——加欧咖啡厅中举行。

这个项目并不是只关于经济学的，而是关于许多科学，包括生物学、地球物理学和经济学中的一些共同问题的。以前是一名医生，而现在研究生物学中众多基础问题的斯图尔特·考夫曼是研究所的核心人物。我不久就发现他是一位独特的科学家：幽默、顽皮、富于想象。斯图尔特是为数不多的愿意而且能够用抽象方式看待事物的生物学家之一，他把现实仅视为宏观过程中的一个例子。

————————

[①] 指1996年。——译者注

我对我们的沙堆模型，以及我们对生命游戏的模拟做了一个简短的、非正式的陈述。我们的文章不久将发表在《自然》上，尤其值得一提的是，我开玩笑似的推测实际生命作用在有序与无序之间的临界点上。

沙堆与间断平衡

1989 年我返回研究所待了一个月。"我一直渴望再见到你，"斯图尔特说道，同时把手放在我的肩上，"你无法相信我们在你的沙堆思想下已走了多远。"

接下来他又告诉我斯蒂芬·杰伊·古尔德和奈尔斯·埃德里奇的"间断平衡"演化观。间断平衡理论认为演化是以爆发的形式发生的，而不是通过达尔文认为的按缓慢且始终不变的方式进行的。长时间的静默会被新物种的爆发式产生或消失所打断。最壮观的事件是 5 亿年前的寒武纪大爆发，其导致了新种、科、门的出现，同时也导致了大约 6000 万年前恐龙的灭绝。单个物种的演化遵从同样的模式。在很长一段时期里，物理性质，例如一匹马的大小或者一头象的鼻子的长度，不会改变太多；这些平静的时期被那些短得多的时期，或者说间断期所打断，间断期可能使整个情况发生戏剧性的变化。达尔文却认为，而且十分相信演化过程以一种不变的速率进行。

的确，沙堆展示了它们自身的间断平衡。在很长一段时间里几乎没有任何活动。这种静态的平衡很快就被遍布沙堆的沙崩所打断，从而改变了一切事物的运行方式。沙堆中的崩塌与演化中的间断有着惊人的相似之处。间断或者崩塌是自组织临界性出现的标志。在我第一次访问后不久，斯图尔特就收集了斯别科斯基关于地球上生命演化史中灭绝事件的数据，和我们在沙堆模型中所做的一样，画了一个图，发现数据满足一个幂律分布，且大灭绝事件出现在分布的尾端（图5，第19页）。这能说明生物演化是作用在临界态上的吗？这种想法对我们的地球生命观产生了巨大的影响。生命是一种整体的、集体的、共同的现象，其中个体生物的复杂结构阐明了这种临界态的动力学，就如同康威生命游戏中的有机体一样。鉴于在模拟像沙堆那样直接的系统时会遇到一些固有的困难，我们如何在理论框架中描述这个思想呢？

相互制约调节的适应性图像

在往下进行之前，让我们先了解一下一个重要的概念："适应性图像"，由休厄尔·赖特在他1952年的一篇很重要的文章《移动平衡的理论》（*The Shifting Balance Theory*）（在1982年的文章中他又回顾了这篇文章）中描述。生物个体的物理性质，也就是生存及繁衍的能力，依赖于个体的"性状"。这种生存及繁衍的能力就称为"适应性"。性状可以是个体的大小、皮肤的颜色或者厚度、细胞合成某种化学成分的能力等。性状表达了潜在的基因密码。如果基因密码有一个变动，也就是基因类型上有一个变动，那么或许会（或许不会）改变一个或多个这种性状，也就是改变身体外观或者显性的特征，因而也就导致了适应性的改变。

赖特认为适应性可以看成是高维性状空间的一个函数，每一维代表一个性状，构成了一个粗糙的显现（图27）。由于性状反映了潜在的基因，因而人们可以认为适应性是基因密码的函数，这些基因密码用黑色方块和白色方块来表示。一些基因组合对应适应性特别强的那些个体，这在图27中用峰来表示；另外一些基因组合对应没有多大活力的个体，在图中用谷来表示。由于在所有可能的基因组合中基因密码都是变化的，因而这条适应性曲线绘出了一幅景观。不同的峰与谷对应的是拥有合适（以及不合适）基因的各种不同的可能性。基因突变对应于在适应性空间某个方向上的移动。有时曲线会向下走，到达适应性较差的状态，有时曲线向上走，也就到了适应性较强的状态。

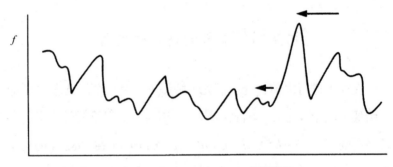

基因密码

图27 休厄尔·赖特的适应性图像。为了提高适应性，位于较低的峰上的物种，跨越的"障碍"（谷）比那些位于较高峰上的物种跨越的障碍要容易。

一个物种可以被视为局限于适应性图像上某个点处的一群个体。在下面的讨论中我将擅自把一个物种的数量用一个点来表示，称其为"物种的适应性"。物种的每个个体成员会经历随机突变。合适的突变体，根据定义，将会有较大的生存机会，因而不断繁衍，数量剧增。种群更倾向于选择导致适应性增强的突变。因而通过随机突变以及合适变种的筛选，整个物种适应性会增强。在这个层次上，达尔文的"在随机突变中选择合适变种"与拉马克的"生物进化直接指向更高的适应性"没有多大差别，只是时间尺度不一样。二者都会导致适应性增强。达尔文的理论为拉马克的直接进化论提供了一个机制。换一句话说，即便拉马克是错的而达尔文是对的，也不会给宏观进化的总体结构带来任何根本性的变化。

许多早期的演化理论，包括费希尔 20 世纪 30 年代的著作《自然选择的基因理论》(*The Genetical Theory of Natural Selection*)，可以简单地理解为某种情形下对图中上升过程的详尽描述，坡度不变，而且山峰无限高，适应性永远增强，这隐含着演化即是进步的观点。费希尔的计算并未触及演化的复杂性与多样性，而是表明一切都是纯净的且可预测的。

不幸的是，现在生物学家中间流行着一种普通的观点，那就是根据这些早期的理论，演化已能够为人们所理解，因而没有必要再进行一些理论工作。甚至在道金斯的《盲人钟表匠》(*The Blind Watchmaker*) 一书中也明显体现了这种观点。没有什么东西能像一种信念那样阻碍科学进步，这种信念认为人类理解了万物，千百年来这种信念一次次地在科学中予以重复。公正地说，道金斯所说的一切只不过表明了达尔文机制足够用来理解演化中的一切现象，但是他的机制建立在个体层次上，整个生态学又建立在有相互作用的宏观层次上，而这两个层次之间缺乏纽带。因此我们无法判断达尔文理论的对错。

然而，在休厄尔·赖特的图像中，当适应性到达一个峰值的时候，增长趋势也必然会停下来。当你坐在一处山顶上的时候，不论朝哪个方向走，都会走下坡路。如果我们为生物学拍一张快照，我们可以想象不同的物种在它们自身的图像中都位于峰附近。为了从一个峰到达更高的峰，物种将不得不同时经历多个基因突变。例如，陆地上的物种为了能飞起来不得不自发地演化它的翅膀。这是无法阻止的。因而，赖特的图像最终会演化出一个皆大欢喜的结局，所有的物种都达到了一个极大值。其他位置有可能会有更好的极大值，但无法到达那儿。演化最终达到一个静止态，不会再往下进行。

休厄尔·赖特的适应性图像里丢掉了什么东西？斯图尔特·考夫曼认为最重要的是丢掉了物种间的相互作用。每个物种都会影响其他物种的适应性。当一种食肉动物牙齿变得更尖时，这会减小它的捕食对象的适应性；反之亦然，如果被捕食动物的皮变厚，或者它行动更敏捷，或者它快要灭绝了，这都会影响捕食它的动物的生命期。斯图尔特最爱举的一个例子就是，如果青蛙为了捕捉到昆虫而使舌头变得更有黏性，那么昆虫也会通过演化光滑的脚来针锋相对。有着相互作用的生态学可用图 28 来说明。方格代表物种。从一个物种指向另一个物种的箭头表明后一个物种依赖于前一个物种。有时，箭头只有一个指向。例如，我们身体中包含着数不清的受益于我们的病毒和细菌，但它们并不影响我们。通常当两个物种为共生关系，或一个寄生物受益于寄主却危害其寄主时，箭头会有两个指向。生物学可以被视为一群生活在整体生态中相互作用的物种的动力学。

不同物种的适应性图像像是相互作用的"可变形的橡皮"。

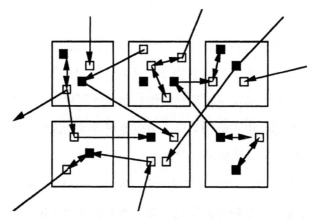

图 28 相互作用着的物种示意图。方格代表着生态学中的物种。由一个物种指向另一个物种的箭头表明后者受到前者的影响。有时箭头只有一个指向,有时有两个指向。

图像可以改变。当一个物种通过变异改变自身特征时,也就改变了它在其他物种眼里的适应性图像。一个"洋洋得意"地生活在它自己适应性图像的顶峰上的物种,可能会突然发现自己在山峰下。但是随后该物种可以通过随机变异和自然选择攀登到新的峰顶。斯图尔特常用作比喻的例子:青蛙演化出更有黏性的舌头,为的是提高它捕捉昆虫的能力;而相应地,昆虫为了应对也演化出更加光滑的脚。昆虫仅仅是为了守住以前的位置也不得不向前发展。实际上,它从来没有提高适应性;它必须向前发展,只是为了作为一个物种要生存下去。

这就是所谓"红皇后效应",取自刘易斯·卡罗尔的《镜中奇遇记》(*Through the Looking-Glass*)中的一个角色。"'嗯,在我们国家,'艾丽斯说着,还有点气喘吁吁,'通常你应当到达某处——如果你像我们那样跑得很快的话。''一个慢吞吞的国家!'皇后说,'现在,你看见了,你们竭尽全力地跑,却仍留在原地。'"

我们生活在"快速地带"，在那儿你不停地跑只是为了哪儿也不去，而不是去那些具有静态图像的"慢速地带"。在物种间没有相互影响的情况下，演化最终会突然停下来，或者根本就不会开始。当然，由于外部效应，适应性图像也会改变，例如气候的改变会使得所有物种的图像都改变。

要解决这个问题需考虑相互作用物种的共同演化，而不是孤立地停止的单个物种的进化。多个物种的共同演化在概念上可以用互相影响的适应性图像来描述。斯图尔特·考夫曼称它们为"相互制约调节的适应性图像"。这幅图像只是现实世界里物种演化动力学的一个极为简化的表征，但无论如何它代表了找寻这种观点脉络的一种值得纪念的挑战。它能够提供一个有价值的比喻。两个物种间的相互竞争能用捕食－被捕食模型得以很好地理解，但是包含数以百万计的相互作用物种的全球生态学的结果会是什么呢？

斯图尔特和一名来自挪威的博士后松克·琼森正用一种相互作用模型——"NKC模型"来构造适应性景观。他们用 N 个 0 和 1 表示每一个物种，（100000...111100）代表含有 N 个基因或者性状。在模型最简单的情形下，他们在 2^N 个结构的每一个结构中加入一个随机数，代表着那种结构的适应性。一个小黑方块可以代表一个 1，一个小白方块可以代表一个 0。随机性表明我们对耦合缺乏了解。这种模型版本与巴黎大学的伯纳德·德里达从一个不同的角度介绍的"随机能量模型"是一致的。到目前为止，模型只代表了单个的图像。如果企图改变一下，从 1 到 0 或者从 0

到 1，就会要么发现较低的适应性，要么发现较高的适应性。选择较高的值代表在适应性图像上向上一步。

因而，一个极为复杂的过程，也就是单个个体的变异以及接下来为整个物种种群选择更适合的状态，被简化为单个数字的一次改变。单个突变对应于某个特定物种整体数量的一次"变异"，或者等价于某个物种被其他具有不同性质的物种所取代的灭绝过程！在此以及后面的讨论中，这个过程被称为"物种变异"。

许多进化论生物学家，例如约翰·梅纳德·史密斯，用传统进化论观点来思考"圣经"——《进化论》（*The Theory of Evolution*）一书，他坚持认为进化机制是作用在个体上的，并且发现了厌恶式物种变异的概念。当然，根本机制是作用在个体层次上的；我们只不过是利用一个较为粗糙的描述来处理整个宏观演化过程。其中每一步都包含了许多代。斯蒂芬·杰伊·古尔德在他的许多书中都运用了相同的术语，因而恰好能够在比遗传学家通常用的更大的标度上来讨论演化。甚至没有一位渐变论者怀疑物种选择的差异会导致物种的差异。恰好这种物种差异最终被费希尔的理论所描述。粗糙沙粒并不会自我复制"间断平衡"，因为想象这种单一过程是按一种平滑渐进的方式发生，正如一粒落下的、包含多个独立原子的沙粒并不会在沙堆中形成间断或崩塌一样。最终分析得知，如果利用一个足够精细的时间尺度，任何东西，甚至地震也是连续的。间断平衡指的是这样一个事实，那就是长时期的稳态与间歇在时间尺度上有着极大的差别。稳态的时间可能长达 1 亿年，而间歇的持续时间至多不超过 100 万年。

最终，优良变种筛选过程又持续了一段时间，物种最终会到达一个局域的峰，而单次变异无法使物种到达更高的峰。当然，通过某些协同变异，物种能够提高适应性，到达更高的峰，但这是不大可能的。

每个物种都与 C 个其他物种联系起来，或者更准确地说，是与 C 个其他物种中的每个物种的一个特定的性状（由一个基因决定）联系起来，其中 C 是一个小的整数。这种情形显示在图 28 中，其中黑色方块和白色方块分别表示基因 1 和基因 0。两个基因合在一起可以代表，例如，昆虫的光滑脚板，以及青蛙舌头表面的黏性。如果一个物种中某个特定基因发生突变，与这个物种有关系的其他物种的生存能力也会受到影响。青蛙的适应性不仅依赖于它自身的基因密码，而且还依赖于其捕食的昆虫的基因密码。在模型中，这种相互作用是通过给物种分配一个随机数来表示的，如果与之相作用的基因发生了突变的话。相互作用着的物种可以是二维格子上的邻居，也可以在其他 $N-1$ 个物种中随意选择。

原则上说来，一个数学生物学家能够利用那些极为麻烦的人口动力学耦合微分方程，即 Lotka-Volterra 方程或者说基因方程，来研究这类系统。在那些方程中，物种数量的增加与减少是用其他物种的数量来表示的。然而这种计算所花费的代价是惊人的，使得所研究的系统只能包含两三个相互作用的物种。的确，少量物种的共同演化动力学以前有人研究过，例如从捕食 - 被捕食角度或从寄生 - 被寄生角度研究过。这对我们的目标来说是不够的，我们的目标是推测复杂性来源于多个相互作用物种的极限。

物种数量的极限很大，实际上是无限的，这在以前从未被研

究过。对每个物种考察的思想与我们的沙堆模型或地震的滑动块
体模型是一致的。我们并没有研究动力学细节，相反我们选择了
一个用整数表征的、更为粗糙的模型。我们没有研究物种数量，
正如我们在摆的模型中没有考虑转动角一样。

　　尽管仍然有无数复杂的结构，但由于它们更为简单，因而考
夫曼和琼森能够研究一大群物种而每一个物种又与 C 个其他物种
相互影响的情形。他们从一个任意的结构开始，在这种结构下，
例如 100 个物种中的每个物种都用一连串随机的 1 和 0 来表示。
在每个时间步长，他们都进行一次随机的变异。如果这样做会提
高物种的适应性，变异就得到接受，也就是用一个 0 来代替一个
1，反之亦然。如果适应性降低了，那么变异就不会被接受，因
而原来的结构仍然保留了下来。

　　如果 C 值很小，那么这个集体生态动力学只运转很短一段时
间。最开始的变异可能会使另一个物种脱离适应性最大的位置。
于是那个物种会通过变异来提高自身适应性。这可能会影响其他
物种。最终，这个多米诺过程会停在一个"静止"结构上，其中
所有的物种都处于一个适应性高峰上，不再通过单个变异往适应
性更好的状态上前进。所有通过单个基因突变来产生适应性强的
物种的企图都在那一点上受到了阻挠。这与物种间没有相互作
用的情形是类似的。在理论生物学上这样的一个状态被称为"进
化稳定态"（ESS），它已被数学生物学家，尤其是约翰·梅纳
德·史密斯透彻研究过了。经济学上把这样一个任何人都无法通
过选择一个不同的策略来改变自身处境的状态称为"纳什均衡"。
还有一个更完全的、运用数学方法推导出来的关于平衡的数学

理论，称为游戏理论。然而，游戏理论并不涉及这样一些重要的动力学问题，比如怎样到达稳定态，或一旦失去稳定态的后果等问题。

另一种情形，如果每一个物种都与许多其他物种相互作用，也就是说 C 很大，那么在其物种的状态表征改变之前，系统进入了一个"混沌"模式，其中的物种无法到达它们适应性图像的任何高峰。这可以被视为一个集体的"红皇后"状态，在这个状态中没有人能改变位置。为了适应不断改变的环境而进行的单个物种的演化只是一种徒劳。

有两种极端情况都不利于系统的集体良好状态。一种情况下，物种会卡在适应性图像的一个低洼的峰上，无路可走。"每个人都陷在了山脚下，"斯图尔特解释说。另一种情况下，演化没多大用处，因为环境变化得太快。当你刚调整到某个"景观"上，那个景观却早已改变了。在这两种情形下，都不会有真正的演化。此外还有一种选择：生态系统恰好位于分开那些极端情况的临界态上，也就是位于两种极端之间。在这种情况下，物种受益于不断缓慢改变着的环境，利用环境作为阶梯，一步步地提高自身适应性，而不会因为环境改变过快而丢掉那些进步。"临界态是一个好去处！"用斯图尔特的话说："就是这样，因为平均说来，那里是我们都做得最好的地方。"

这表明了一种"自由市场"般的原教旨主义的演化观。如果让系统自己决定，它会选择对我们大家都最有利的。不幸的是，演化（以及自由市场）比这要无情得多。

斯图尔特和我对模型做了各种改动，包括借鉴了固体物理中的随机玻璃模型。在一块玻璃中，原子可以位于各种稳定的随机排列中，就如同考夫曼 NKC 模型中的物种一样。我们研究模型的方式与陈侃、迈克尔·克罗伊茨和我研究生命游戏时所用的方式是类似的。首先我们会等待系统进入一个稳定态，接下来我们加入一个任意的变动，并等待系统进入一个新的稳定态。每一次变异都会产生一个崩塌，我们永远无法使系统自组织到临界点。结果总是如此：模型要么进入稳定阶段，要么进入混沌阶段，只有当参数 C 调得足够精确的时候，我们才能得到令人感兴趣的复杂、临界行为，并不存在自组织临界性。通过参数调节而具有临界性的模型尽管十分丰富，但从我们的角度看来没多大意思。

尽管斯图尔特早期那些热情洋溢的主张，例如在他的《秩序的起源》（*The Origins of Order*）一书中，他认为他的演化模型会汇合到临界点上去，它们能展示自组织临界性，然而它们的确没有展示自组织临界性。但无论如何，他勇气可嘉，而且独具眼光。这是第一次尝试模拟一个完整的生物过程。

那时候，我很沮丧。一方面，我们有一幅自组织临界性的图像，而且从经验上看来，它似乎符合对间断平衡和其他现象的观察结果。另一方面，我们完全不能为那些想法提供一套有效的数学框架，尽管我们也在疯狂地研究这个问题。通过与丹麦的玻尔研究所的理论物理学家亨里克·弗比约格和本尼·劳特普合作，我们甚至能用严格的数学来证明这个模型永远无法自组织到临界点。

然而，除开什么类型的动力学会导致一个临界态这类问题，作用于稳定态和无序混沌态之间的均衡态的想法会为演化提供一幅引人入胜的图像。一个稳定态不会再发展，一个混沌态无法记起其过去。这使得临界态成为唯一的选项。

不幸的是，与斯图尔特的世界观和个性相反，人生并不总是幸福。到目前为止，在我们所有的工作中，我们都选择了一个随机的物种进行突变，目的是让崩塌开始出现。结果表明，我们所要做的是选择适应性最差的物种，这些物种为了提高其适应性只需在图像上跨越最少的几个谷。在 3 年的艰苦努力，以及获得极为缓慢的进展之后，这些坚持最终得到了回报。

第八章　简单演化模型中的
大灭绝与间断平衡

达尔文的理论对地球上生命演化的一些普遍现象进行了简洁的描述。物理定律往往被描述为连接几个物理可观测量的数学方程，但并不存在严格数学意义上的描述生物演化的达尔文方程，这一点正如我的同事和朋友亨里克·弗比约格曾指出的那样。因而，确定达尔文的理论是否对地球上的生命进行了一个基本完整的描述，或者是否还应当考虑其他原理，是一件极为重要的事情。达尔文的理论与最小尺度上的演化，即微观演化有关。我们并不清楚他的演化理论作用在最大尺度，即宏观演化上会有什么结果，因此很难用化石的观测记录来质疑或证伪他的理论。

还是在达尔文的时代，查尔斯·莱伊尔就明确提出了"均变论"或称"渐进主义"的基本观点。在莱伊尔看来，一切事物都能用我们周围所看到的每时每刻都以同样速率运转的过程来解释。例如，他认为地貌的形成是由平滑的过程驱动的，而且一切地质过程，包括尺度和作用最大的那些，它们的速度和强度与现在观测到的过程一样。换句话说，小尺度行为可以被延伸，而且可以被平滑地聚集起来，从而产生所有尺度的事件。不需要为规模大或时间长的过程提出新的原理；所有因果性都位于可观察到的当前事物的细小部分中，而且所有量级都能通过外推法加以解释。

达尔文全盘采纳了莱伊尔的均变论观点。达尔文相信，他提出的自然选择机制，即随机变异后更适应环境的变种会生存并繁衍下去的机制，必然会导致一个平滑的逐渐演化。达尔文甚至否认大规模灭绝事件的存在。由于生物系统是由所有时间及地点上的缓慢而且细小的变异来推动的，结果不是平滑的又能是什么呢？均变论是达尔文《物种起源》一书中许多观点与见解的基础，包括他对大规模灭绝观点的敌视态度。达尔文视演化为一个缓慢渐变的过程。达尔文声称："我们无法察觉这些正在发生的缓慢变化，直到时针标明了岁月漫长的流逝。"这就是"渐变说"的要义。

这种观点通常为许多演化生物学家所欣然接受。间断平衡现象的倡导者之一奈尔斯·埃德里奇就属于这类人，他得出结论：达尔文的理论是不完全的，原因是他相信该理论无法解释灾难式的灭绝事件。劳普和斯别科斯基持有类似的观点。未考虑的外部因素可能是气候变化、火山喷发或者地外天体撞击地球。最近，有人提出灭绝事件是由附近的超新星坍塌产生的宇宙中微子造成的，这些中微子以规则时间间隔撞击地球。似乎很多人已经假设大规模灭绝一定是由某种灾难事件造成的，因而争论一直围绕着哪一种外界作用力是造成灭绝的原因。

在很大程度上来说，莱伊尔的均变论是行得通的。的确，所有尺度上的行为都只依赖于微观机制。在任何尺度上都不需要引入新东西。

然而，均变说理论没有认知到，一个简单的外推并不必然就会把我们从最小尺度带向最大尺度。物理学家可能会声称莱伊尔的思想说明我们居住在一个线性世界。大的后果一定来源于一个大的冲击，这样一个假设同样代表了一种线性思维方式。然而，可能我们面对的是高度非线性的系统，其中没有简单方法（或者根本没有方法）用来预测涌现行为。我们已在不同场合看到，处处都以一种规则方式运行的微观机制会导致间歇的，有时甚至是灾难性的宏观行为。在自组织临界系统中，大多数改变常常集中发生在最大的几次事件中，因而自组织临界性实际上可以被视为灾难主义的理论基础，与渐变主义对立。

因而，可被视为演化论的微观理论基础的遗传学不能对达尔文理论的后果给出答案，这恰恰是因为我们不能直接从微观尺度上往宏观尺度上外推。G.L.辛普森在他著名的《进化的速度与方式》（*Tempo and Mode in Evolution*）一书的序言中非常鲜明地陈述了这种观点：

（遗传学家）可能会揭示在固定的简单情形下，在10年的时间中，100只老鼠会发生什么情况；但无法揭示在1000万年中，在地球历史瞬息万变的情况下，1亿只老鼠又会出现什么情况。显然，后一个问题更为重要。

斯蒂芬·杰伊·古尔德利用这种观点试图证明，只有用历史的、叙述的方式来研究演化才是行得通的。他强调了他自身所从事的古生物学的重要性，而古生物学主要研究化石。的确，这类研究对于在更大尺度上深入了解演化机制是必要的。

我们的研究方法是用合适的数学模型来探究达尔文理论的后果。也许到那时我们就可以判断是否需要一些其他原则了。如果自组织临界理论适用，那么系统中"崩塌"事件的变化规律就把达尔文的连续演化观与突然的量变和质变形成的"间断"联系起来。沙堆是由小的变动所驱动的，但它们却可能发生大灾难事件。

斯图尔特·考夫曼和我研究的数学模型是被极度简化过的演化模型，它无法捕捉演化的基本行为。该模型里不存在自组织临界态和间断平衡。后来我们发现，成功的策略是建立一个更简单，而不是更复杂的模型。对事物本质的认识很少是通过复杂且杂乱无章的模型得出的，更多的是通过极为简化的处理得出的。一旦基本机制被辨认出来，就很容易通过加入更多的细节来验证其稳健性。从简单情形着手，然后加入越来越多的成分向复杂情形过渡，这常常是比较容易的。而从复杂、混乱情形着手向简单、优美的情形过渡，则是一种艺术。我们的目标不是在还原论思想的指导下去寻找所有"正确"的方程以描述每一个细节，而是用几个简单的方程来展现演化中不依赖于细节的稳健现象。

我们能对达尔文建模吗？

我曾经企图使考夫曼的 NKC 模型和其他相关的模型自组织到临界态，却没有成功。直到 1993 年初，我才多少接受了这个失败。多次圣菲之行，以及无数次讨论都不能使问题有更多的进展。

这种不愉快的状态在玻尔研究所的研究生金·施耐本对布鲁克海文进行一周访问期间突然得到转变。施耐本起先主要研究核物理，而且写过很多关于重离子在碰撞中碎裂过程的文章。玻尔研究所在核物理方面有一段光荣的历史，这来自玻尔本人对这个领域的兴趣。玻尔因在原子的量子理论上的贡献而荣获了诺贝尔物理学奖，但这并没有阻止他在核物理这门学科兴起的时候涉足其中。然而，玻尔研究所的许多科学家没能认识到核物理已不再是科学的前沿，他们也不具有玻尔那种对待新事物的热情，他们停滞不前，一直生活在对辉煌历史的怀念中。一些老一辈的科学家甚至模仿玻尔的举止，例如他抽烟斗时的姿势。这阻碍了丹麦两代物理学家前进的脚步，哪怕他们已看到了新的学科前沿的曙光，而且不满足于生活在历史之中。这并非罕见，科学经常完全是由惰性驱使的。科学的进步是由"一代代老科学家的离世"来推动的。有几名年轻的物理学家有幸得到了嘉士伯和诺瓦公司的短期资助，这是丹麦的两大工业巨头，它们有眼光，愿意而且有能力帮助年轻人摆脱这种危机。

施耐本为无序介质中的界面移动构建了一个简单的数学模型。虽然从表面上看可能这并不比核物理更吸引人，但至少它不同于核物理。比如设想，咖啡被一张餐巾纸吸收了，干燥的纸与湿润的纸之间的边缘部分就形成了一个界面。纸里有一些"锁住了的"位点是界面很难通过的，例如纸巾中的毛细孔（图29）。在他的模型中，在每一个时间步长在那些阻塞力最小的位点会有界面生长过程发生。界面向上移动一个长度单位，然后又被赋予一个新的随机阻塞力。这种类型的动力学，即活动总是发生在某种作用力最小或最大处的动力学，被称为"极值动力学"。由于界面的弹性，一个位点上的生长会减小邻近位点上的阻塞力，因而使其更可能成为下一时刻生长的位置。施耐本发现这个表面会自组织到一个临界态，它呈现各种大小的崩塌。换句话说，界面生长是一个自组织临界现象。而在这之前，位于莫斯科附近的切尔诺戈洛夫卡研究中心固体物理研究所的谢尔盖·扎伊采夫对于一个不同的问题提出了类似的观点。

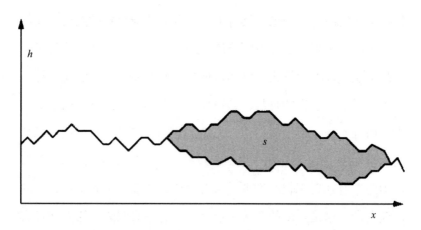

图 29　金·施耐本模型中两个界面构型之间发生的一个崩塌的插图说明。崩塌的大小 S，对应于阴影部分。

施耐本在我们物理系做了一个只有 10～15 名科学家参加的学术报告。他并不擅长精致的表达。他的思路按照直觉自由发挥，并没有经过详细周密的计划。他的报告就如同和疑问不断的听众在对话。他完全不修边幅，至少当他深深迷恋科学的时候。但是他让我们理解了他的想法。

在我办公室的黑板上，我即兴地简单讲述了我们研究演化模型的故事。除金·施耐本以外，我在布鲁克海文的许多合作者也挤到了这间小小的办公室里。阿贝·利卜查伯也是一名访问学者，以混沌研究而著称，他当时也在场。他通过一个湍流系统中的双周期分叉，从实验上证实了费根鲍姆的混沌运动理论。因为那个工作，他和费根鲍姆分享了沃尔夫奖，该奖项在知名度上或许仅次于诺贝尔奖。

"这并非一个成功的故事"，我开始时说，同时表达了我所受到的挫折。接下来我讲到了沙堆故事，谈到了考夫曼、古尔德，以及间断平衡，末了又谈到了我们对考夫曼的 NKC 模型所做的没有成果的研究。每个人都发表了一些看法。"我认为我们可以把这些和我的思路结合起来"，在我做完陈述时施耐本说道。

第二天是一个星期六，春光明媚，施耐本和我到长岛上去看风景。我们在偶然路过的一个当地展览上停留了一会儿，我们观看了一个壮观的魔术表演和其他一些展览。接下来，我们去了火岛，这是长岛南侧一个狭长的岛，其海滩与长岛南岸平行，绵延了很远的距离。来回路上我们都以一种玩笑的口气讨论着演化问题。

我不知道为什么，但我觉得这是做有想象力的科研的唯一方式。一个人越花力气，成功的可能性越小。当我认真地坐在办公室里，盯着一张白纸时，从来不会有什么想法诞生。

周日下午的一个科学课题

周日下午我们去上班。我们意识到"极值"的概念能发挥奇效。施耐本的模型之所以行得通，是因为具有"最小"阻塞力的格点起了作用。实际上，在连续、确定的沙堆模型（即描述一碗糖逐渐倾斜的过程的模型）中，崩塌是从最大坡度点处开始的。在地震中，断裂在应力最先超过破裂阈值处开始。也许极值动力学是打开自组织临界性的万能钥匙。这个原理能应用到演化模型中去，从而产生间断平衡吗？

在斯图尔特·考夫曼和我已做过的计算机模拟中，新的由共同演化形成的崩塌事件是由对一个随机物种的随机变异产生的，即把NKC模型中的一个随机位置的0变为1或把1变为0。施耐本和我决定选择休厄尔·赖特适应性图像中位于最低点的物种作为淘汰对象，并且用一个新的物种来取代它。达尔文说的"适者生存"，不就意味着最不适应环境的物种会被淘汰吗？

你可以把这个基本步骤视为最不适于生存的物种的一个变异，也可以视为该生态位上另一个物种对这个物种的取代，其中生态位是由这个物种同与之相作用的物种之间的关系所定义的。这样的一个事件被称为一个"伪灭绝事件"。这与古尔德的物种形成图像相吻合：其发生是由于"各个基本不变的物种之间成功程度不同"。至于说在经历多少个步骤之后，才可以判定一个物种灭绝了而一个新的物种出现了，即一个真的灭绝事件发生了，则完全是一个下定义的问题。斯别科斯基说过："物种就是名气大的分类学家定义为物种的东西。"在我们的模型中，物种的数量是守恒的：在原始物种和它变异出的物种二者中，只有适应性强的那个能存活下来。

我们基本的思路就是，适应性最差的物种是下一个时间步长中最可能消失或者变异的物种。这些物种（依照定义）对于气候和其他外部作用力的不规则变化最为敏感。同样，通过观察适应性图像，很明显可以看出，从总体上来说，那些位于最小适应性山峰上的物种为了跳到一个更为合适的峰上去，需要跨越的山谷最少。也就是说，为了移动到更好的状态，所需要同时发生的变异数量最少。实际上，关于细菌的实验室实验表明，当环境恶化时，例如当它们的食物由糖变为淀粉的时候，细菌以更快的速度进行变异。

然而，我们首先想要的是一个比斯图尔特的麻烦的 NKC 模型更为简单的适应性图像的模型。在 NKC 模型中，基因编码的每个由 0 和 1 构成的序列都被赋予了特定的适应性。对一个与其他 4 个物种相作用并且具有 20 位基因密码的物种来说，我们得贮存 2^{24} 个随机数，对每个物种来说，那是一个比 1000 万还要大的数。如果有 1000 个物种，我们得有总数超过 100 亿的随机数。在我们的模型当中，我们不管适应性背后的基因编码，而是仅用一个适应性值来代表每个物种，且物种每进行一次变异都要修正那个值。我们还不明确知道基因编码位形与适应性之间的关联，所以为什么不在每次发生变异时，生成一个随机数来表示适应性呢？这样一来我们只需记录 1000 个适应性值。如果你有足够的耐心和强大的计算机，应当可以不做简化，而去直接表示适应性图像。

施耐本开始在我的一台 IBM 工作站上把我们的想法转化成计算机语言。我们把各种物种置于一个大圆环上。每个物种都与环上的两个邻近物种相互作用。这可以表示类似食物链的关系，每个物种左边有一个捕食动物，右边有一个被捕食动物。原则上说来，相邻的物种之间也可以是共生关系。在模拟的最初，我们赋予每个物种一个 0～1 的随机数。这个数就代表了物种的整体适应性，这个物种可以被认为处在具有该适应值的山峰上。接下来，适应性最差的物种被淘汰，然后用另一个物种来取代它。新物种的适应性又会如何呢？我们试了几种可能性，结果都一样好。经过一个变异后，新物种的适应性不可能提高很多。不能期待它从一个很低的峰跳到一个很高的峰。因而，首先我们用一个适应性比原来那个物种要高出 0～10% 的物种来代替适应性最差的物种。我们还尝试了一种情形，在这种情形中，新的适应性值被限制在其原来的值和 1 之间。然而，为了数学上简单起见，我们最终采用了一个适应性值完全随机的物种。那样就意味着我们赋予那个格点一个 0～1 之间的新的随机值。当然，这并不代表真实的生命。但重要的是，对于这些变动来说，模拟的结果总是稳健的，因而如果运气好的话，它可能足够用来描述真实的演化过程。

推动演化的关键步骤就是通过变异和更优良品种的选择，让某一个物种能够与目前的环境相适应。其他与之相互作用的物种就构成了环境的一部分。原则上来说，我们也可以考虑个体层次上的变异而不是物种层次上的变异，从而在更精细的尺度上搭建演化模型，但那样做会使计算量过大而不可能完成。

个体层次上（或物种层次上）的适应性，是复杂性的根源，这种观点并不是头一次提出。齐普夫认为社会结构起源于个体对"省事"的追求，就可以归为此类观点。约翰·霍兰是密歇根大学和圣菲研究所的计算机科学家，在他的《隐秩序》(*Hidden Order*) 一书中，也把复杂性的根源归因于个体的适应过程。他的结论是正确的，但也许不是特别深刻。复杂性还能从哪里来呢？霍兰最为人称道的是他为解决一类问题发明了"遗传算法"。在这类算法中，一个已知问题的可能答案被表示成由0和1构成的基因串，通过随机变异和最优变种选择，这些答案不断演变，最终得到最优解答。关键的问题仍然是，如何从微观个体层次进入复杂性出现的多个体的更高层次。我们将看到，之所以这样，是因为大量连续的个体适应事件最终驱动系统进入一个整体临界态。

　　我们应当如何给出一个物种和其他物种相互作用的形式呢？把物种排列成环状的原因是可以很方便地知道谁和谁相互作用。每个物种会与它的两个近邻物种相互作用，一个在左，一个在右。如果改变了的物种是青蛙，那么它的两个近邻就可以是昆虫和鹳。我们希望模拟的过程是，这两个近邻物种从它们当前所处的峰上被推下去，而后又爬到新图像中最近的峰上以适应新环境。一种可能性是把新的适应性值设为一个确定的量，比如说比原来的峰低50%。我们试了这种方法，而且还试了很多种其他的方法，来选择近邻物种的新的适应性。这些程序太简单了，以至于每种情形的编程时间不超过10分钟，而且只需在计算机上运行几秒钟就能得到初步结果。我们再次发现，物种间的相互作用可以任意选择，这是很关键的，因为如果不具备这种稳健性，模型不可能和真正的演化有任何关联。我们选定了一种情形，在这种情形下，近邻物种的适应性只是简单地变为0~1的随机数。

　　总结一下，这个模型可能比任何人为任何事所造的任何模型都要简单：随机数被安放在一个环上。在每一个时间步长中，最小的数值以及它近邻的数值，都被新的随机数所取代。这就是全部！我们不断重复这个步骤。还有什么比用一些随机数来代替另外一些随机数更为简单的？谁说复杂性不能是简单的？这种简单的机制能产生超乎我们想象的复杂行为，它的行为的复杂性与它的简单定义形成了鲜明对比。

用公司来比喻，这个过程对应于经理解雇了一名效率最低的工人以及他的两名合作者，然后从街上找到三个年轻人来替代他们。两名合作者与他们的效率低下的同事共同工作时所获得的能力不起任何作用。当然，经理的规则并不太公平，但自然界的规律也不公平。

在计算机模拟的开始阶段，平均适应性会增长，因为我们总是淘汰适应性最差的物种。图 30 显示了适应性最差的物种的适应性与时间的关系。尽管会有一些上下的起伏，但平均适应性总体上有一种增长的趋势。最终，平均适应性不再增长。所有物种的适应性都在某个阈值之上。阈值看起来非常接近 $\frac{2}{3}$。适应性高于这个阈值的物种永远不会发生自发变异，因为它们永远不会有最差的适应性。然而，如果它们适应性差的相邻物种变异了，它们的命运就会改变。

让我们考虑所有物种都不低于阈值的一个时间点。在下一个时间步长中，适应性最差的物种恰好位于阈值处，它会发生自发变异，并触发大量变异（或灭绝）事件而形成一个"崩塌"，或称为"瀑布"或"断续"，这些变异（灭绝）事件与触发它们的自发变异是有因果关系的。这是生态系统中的一个多米诺骨牌效应。一段时间后，崩塌将会停止，这时所有的物种都达到"稳态"，在这种状态中所有适应性又都超过了那个阈值。

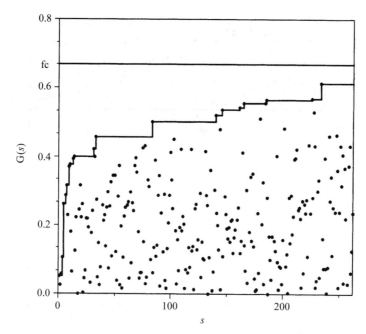

图30　一个包含 **20** 个物种的小演化模型中适应性最差的物种的适应性与模拟步数 *S* 之间的关系。表示最差适应性曾经达到的最大值的包络函数以一种阶梯似的方式增长。一个崩塌在一个台阶处开始，又在下一个台阶处结束，而这时一个新的崩塌又开始了。包络函数最终达到临界值（帕祖斯基等，**1995**）。

　　图 31 显示了一个包含 300 个物种的生态系统的一次崩塌中所有物种的所有适应性的一瞬间。绝大多数物种在阈值之上，但有一簇集中的物种位于阈值之下，极为活跃。当崩塌在生态系统中来来回回移动的时候，那些物种会一次又一次地被选作变异。具有较高适应性的物种一直过着很快乐的生活，直到崩塌来临摧毁了美好生活。从某种程度上来说，自然界一直在用各种变异进行实验，直到它到达一个稳定的具有复杂相互作用的物种网络，其中每个物种都是稳定的，而且适应性在阈值之上。可以把这想象为一个学习过程：自然界通过自组织，而不是通过设计，来产生

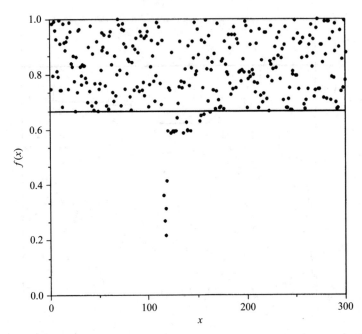

图 31 演化模型处于稳定临界态中的一瞬间的适应性。除了正在传播中的、由共同演化形成的崩塌事件使得局部区域有相对比较小的适应性之外，系统中的绝大部分适应性都在自组织值 $f＝0.6670$ 以上（帕祖斯基等，1995）。

一个功能完整的物种网络。这就是"盲人钟表匠"在发挥作用。5 亿年前的寒武纪大爆发，以及 2 亿 5000 万年前二叠纪时 96% 的物种灭绝的事件，是目前为止所发生的最大崩塌事件。在寒武纪大爆发中，正如斯蒂芬·杰伊·古尔德在他的《美妙的生命》（*Wonderful Life*）一书中的美妙描述，自然界尝试了各种不同的设计，大多数设计不久就被抛弃了，但是最终寒武纪大爆发造就了一个可持续的物种网络。

我们在生命游戏中也曾观察到类似的现象：起初若干不稳定、适应性差、生命短的个体形成一个崩塌，在崩塌持续一段时间后，一个稳定的物种网络就以看似偶然的方式涌现出来了。

我们监测了崩塌事件的大小，也就是崩塌里变异事件的总数，并且用观察到的每种大小的崩塌的数量作了一个直方图。我们发现了极其重要的幂律分布。的确有各种大小的崩塌，$N(s)$ $=s^{-\tau}$，τ近似等于1。小崩塌和大崩塌都是由同样的机制引起的。因此，我们没有理由区别对待大规模的生态灾难和一直在发生的小灭绝事件。

那个下午，我们模拟了模型的五六种情形，而得到的结果总是一样的，幂指数τ的值每次都一样。在这种意义上可以说，我们的结果看起来是普适的。系统已经自组织到了临界态。

与前面几天不同，那天晚上我们极有成就感地离开了实验室。一个包含相互作用的生态系统如何能发展到一个"间断平衡"态，并伴随各种大小的生态灾难事件的发生，这对我们来说已经不是一个彻底的谜团了。当然，你可以在我们所构造的模型的骨架上再加进一些细节，但是我们相信基本的结论仍然会成立。在包含若干物种的生态系统中，由达尔文的"适者生存"机制驱动的变化并非逐渐地发生，而是以共同演化的崩塌（或称为"间断"）的形式发生。我们的数值模拟已经证实了达尔文的理论与间断平衡之间并不存在冲突。我们的模型以达尔文理论为指导，却展现了间断平衡的现象。

那天下午的工作是人与机器合作的一个成功范例，而在10年前这根本不可能发生。小型计算机的效率与普及性已经足够高，以至于只要你想出了简单的模型，你就能马上获得答案。若干年前，像这样的一个课题要花上几周的时间，在卡片上打孔编程，并在中心计算机上等待结果，而我们这个课题实际上只花了一下午。对费希尔和他同时代的人来说，在20世纪30年代类似的事是绝对不可能做成的。

让我们简要回顾一下我们以前建立间断平衡模型的尝试哪儿出了错。首先，我们之前以为临界点代表一个特别"合适的"或好的状态，这个观点是错误的。当我们认为自己或其他物种很"合适"的时候，这意味着我们正处于一个稳态，在这期间，我们是一个复杂生态网络的一个稳定而协调的部分。其中物种间的关系可以是合作，也可以是竞争。关键的一点就是，生态网络是自洽的，正如康威生命游戏中的生物一样。

只有生态网络以它现有的形式存在的时候，我们才是"合适的"。我们倾向于认为适应性是一种绝对的东西，也许这是因为我们先入为主地就认为目前的稳态会是永久的。然而，一旦稳态结束，那游戏规则就变了，我们的高适应性就被破坏了。事实上，从一个更大的视角来看，我们目前所处的时期甚至可能不是一个主要的稳态期，而是一次崩塌的一部分。生命是不稳定而容易发生变化的。没有生命、没有活性的物质是稳定的，从这种意义上来说它们是合适的（即有适应性的）。具有讽刺意味的是，演化不能被视为发展出越来越多的具有高适应性的物种的一个过程，尽管演化过程的每一步可能都提高了适应性。

人类这个物种可能认为自己有最高的适应性，但也许一种更恰当的描述是：人类以自洽的方式与复杂生态系统整合了起来。孤立地看，像我们一样复杂的生物的出现完全是一个谜。通过一个包含数十亿物种的自组织过程，生物界搭建起了适应性问题本身及其答案。通过一个共同演化过程组成一个复杂的纵横组字谜，比逐词逐字猜这个谜要容易得多。演化是一个集体的"红皇后"现象，我们不停地跑动却无法到达任何地方。

我们的简单模型仅仅是为构建一个宏观演化理论搭建了最基本的骨架。这并非事情的结束，有可能只是开始。它是一个简单的玩具模型（即省略了大量细节从而更容易分析的模型），从原则上演示了复杂性如何在一个相互作用的生态系统中出现。它是一种新的思维方式的开始，而不是结束。它实在是忽略了演化中太多的实际现象了。模型里物种数量不会改变。最初为什么会有物种存在呢？而且，适应性图像也是专门引入的。在一个更实际的理论中，图像自身也应该在演化过程中自组织。然而，我们相信我们的模型对于考虑这些问题是一个有益的出发点。确实此后有很多新动向：有不少科学家增强了我们的模型，使它变得更为完整。比利时列日的范德华和奥斯鲁斯把物种形成的过程加入了我们的模型。进行变异的物种会产生两到三个新物种，每个物种都有自己的适应性，这些新物种进入了生态系统并且与其他所有物种竞争。范德华和奥斯鲁斯只用一个物种开始他们的模拟，结果是形成了一个演化树，其结构体系类似于分类学中把物种划为门、属和科。这个改进的模型仍然会自组织到临界态，其幂指数和我们的原版模型不一样。

为什么间断平衡的概念对我们理解自然如此重要呢？也许这个现象比其他任何东西都能更好地说明一个复杂系统的临界性。具有间断平衡的系统将静止的有序系统和混沌的无序系统的性质结合起来。这个系统是有记忆的，因为长期的稳态让它存得住以往学到的东西；这个系统也是能演变的，因为偶尔会有大规模的活动爆发。

低温产生复杂生命

在现实生活中，并没有一个死神会去寻找最不稳定的物种，然后要求它们要么变异要么灭绝。任何地方的事物都必须得平行发展着。我们必须为变异引进一个实际的时间尺度。适应性很低的物种，在适应性图像较低峰上，为了跳到更高处只需较短的时间；适应性较高的物种不容易变异，原因是要找到一个更适合的峰需跨越一个较大的谷。

我们可以认为，一个物种需要跨越的障碍，就是它从一个峰走到另一个更高的峰的过程中要协调地发生 DNA 变异的数量。该物种需要尝试的随机变异的数量，是随着这个障碍按指数增加的。因而，跨越这个障碍的时间尺度大致可用适应性的指数函数表示。可以认为单个变异的概率是由一个相当于温度的变量 T 所决定的。高温时，每一处的变异率都很高，因而模型的行为与我们所说的间断平衡行为完全不一样。受到高强度扰动的系统不可能有长期的稳态。如果沙堆在所有时刻都被强烈晃动，那么它就不会演化到复杂的临界态；相反，它会是平的。低温时，即变异活动较低时，我们所研究的间断平衡行为就可以展现出来，此时我们并不需要直接去找适应性最低的物种。

我们得出结论，复杂生命只能在宇宙中某个较冷而化学活动较少的位置出现 —— 而不是在一锅发出"哧哧"响声的、有大量活动的"原始汤"里出现。

与真实数据比较

为了直观地观察模型中的演化行为，我们绘制了一幅演化活动的时空图（图 32）。x 轴代表物种，y 轴代表时间。这张图的起始时刻是在到达自组织临界态后的某个任意的时刻。一个黑点表示在一个时刻上有一个物种发生了一次变异。我们得出的图是分

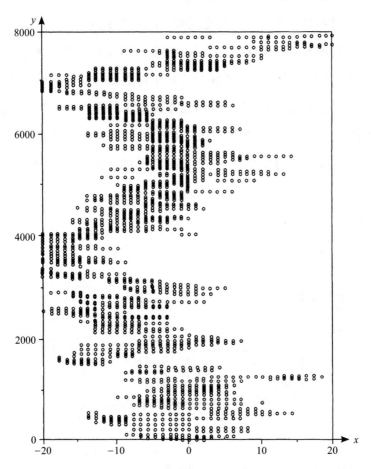

图 32　演化模型中的变异活动模式。对每个物种而言，其发生变异的时间点用黑色表示。时间被定义为演化步骤的数量。这张图在时间和空间上是分形的。（马斯洛夫等，**1994**）

形的。从某个正在变异的物种出发，经过 S 个演化步骤后，受到变异影响的平均物种数量 R 的形式是幂函数，即 $S = R^D$（当 S 足够大），其中幂指数 D 被称为图形的"分形维数"。

为了监测单个物种的演化结果，让我们把注意力集中在某一个物种随时间的演化上，例如那个位于 x 轴原点上的物种。很明显，有些较长的时间段里没有黑点，也就是说没有什么事情发生。这些是稳定时期。与此同时，也有很多活动剧烈的时间点。让我们沿着时间轴向前走，边走边数一数变异事件的累计数量。图 33 显示了某个物种的累计变异事件数量与时间的函数关系。可以把这个数视为该物种在外形上的改变，如马的体形大小随时间的变化。曲线的"间断平衡"的特性是明显的。曲线上有几段较长的没有变动发生的稳态期，分隔它们的是几次短暂而剧烈的

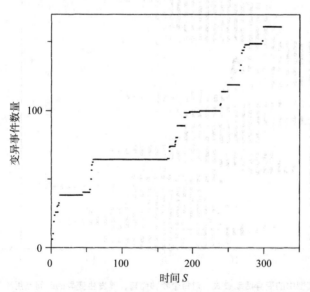

图 33 演化模型中的间断平衡。曲线显示的是某个物种变异事件的累计数量，也就是沿着垂直方向通过图 32 中显示的分形图样时所经历的黑点数。

变异活动事件。这样一个曲线被称为"魔梯"，原因是它有许多
阶梯，有的大，但大多数都很小。在任意两个"台阶"之间都有
无穷多个"台阶"。"魔梯"是 19 世纪德国数学家格奥尔格·康
托提出的。在相当长的一段时间里，人们认为没有一个物理系统
能表现出那样复杂的行为。

　　我们测量出稳态期持续时间（也就是两次变异间隔的时间）
的分布。曲线上并没有真的瞬间增加的地方，只是有一些时期里
有大量非常快的小增长。在化石记录中，人们可能无法分辨出这
些小的、迅速的增长，因而得到的变动看起来像一个跃变（即瞬
间发生的变化）。作为比较，图 34 显示了在过去的 500 万年里，

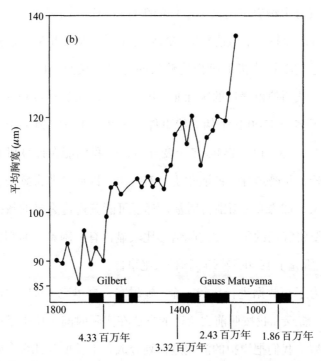

图 34　自然界中的间断平衡。放射虫 *Pseudocubus vema* 的胸宽在其演化史中一直在增
长。（凯洛格，1975）

放射虫 *Pseudocubus vema* 的胸宽是如何演化的。这条曲线与图 33 中的曲线有着极为相似的结构。注意曲线上没有大的跃变。间断只不过是有大量演化活动发生的时期。马的体形大小的演化也遵循类似的模式。

在我们最初粗糙的模型当中，单个演化步骤要么被视为代表一个灭绝事件，即灭绝物种的生态位被另一个物种占据；要么被视为代表一个伪灭绝事件，即一个物种变异为另一个物种。在这两种情形里，最初的物种在变异事件之后都已不存在了。现实中的演化可能也会有同样的情况。物种可能会灭绝，也可能会在经过若干次变异后成为很不同的物种。我们模型中的崩塌事件的统计性质与生物史中的灭绝事件的统计性质应当是类似的。因此，我们可以比较一下数值模拟的结果与化石中灭绝事件的记录。

通过在计算机上运行足够长的时间，我们可以收集足够的数据，从而使得我们的统计非常准确。在一次运行过程中，我们得到了多于 4000 亿个伪灭绝事件。这么多事件平摊下来，世界上每个人都可以获得 80 多个变异事件。我们能在计算机上运行好几轮，尽管地球上的演化史只有一次。即便是非常勤勉的古生物学家，如杰克·斯别科斯基，都不可能获得这么多的数据，这使得要将我们的预言和实际情形比较显得有些困难。斯别科斯基"只"研究了 19000 例实际物种灭绝事件。

为了与数据进行比较，金·施耐本、亨里克·弗比约格、莫根斯·詹森和我按照前文所述的方法在实际时间单位中模拟了演化模型。我们把模拟的演化过程划分成若干长度为几百个时间步长的时间窗口，并计算了每个窗口中灭绝（或伪灭绝）的速率，以便和斯别科斯基的长度为 400 万年为间隔的时间窗口中的灭绝速率数据作比较。用这种方法我们能够得到一个模拟的灭绝事件记录（图 35）。注意它与斯别科斯基根据实际观测得出的数据（图 4，第 19 页）的相似之处。

图 5（第 19 页）中劳普利用斯别科斯基的数据作的直方图能较好地拟合成一条幂指数为 1～3 之间的幂律分布曲线。为了与之比较，我们在图 36 中画出了演化模型中灭绝事件大小的分布。重要的一点是，这个直方图是一条光滑曲线，规模大的灭绝事件并没有构成另一个峰。当然，如果数据有更高的精确度就再好不过了，比如每隔 100 万年测量一次灭绝事件。

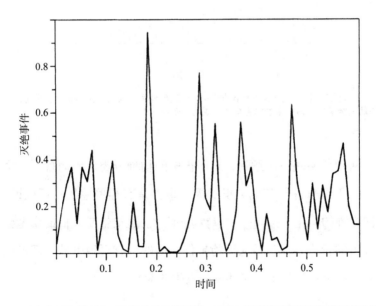

图 35 间断平衡模型中灭绝事件的模拟记录。注意与斯别科斯基根据真实演化作的曲线（图 4，第 19 页）的相似之处。

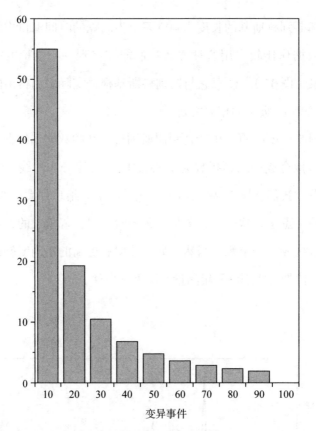

图 36 演化模型中发生的事件大小的分布。这些事件可以被看作灭绝事件，也可以被看作伪灭绝事件（即一个物种完全变异成另一个物种）。

斯别科斯基还注意到，对于很多的物种分类单元而言，一个类里的灭绝事件与其他类里的灭绝事件是有相关性的。可以说，不同物种的演化"按同一个节奏进行"[①]。这恰恰是我们的模型会表现出的行为，即包括大灭绝事件在内的所有灭绝事件，都可以归因于单个物种为了适应环境而发生的变异。

① 原文 march to a same drummer 是对于英文习语 march to a different drummer（标新立异）的化用。——译者注

图 37 显示了单个物种的累积变异数量（"魔梯"），以及全局的变异活动强度。我们用了真的时间单位，其中灭绝率用一个较低的温度来表示。我们所跟踪的物种在有大量全局活动的时期发生变异，这正如斯别科斯基所观察到的那样，尽管并非所有的崩塌都影响了该物种。然而，并不需要外部"鼓手"。同步的灭绝事件是由生态系统整体的临界性导致的，它把不同物种的命运联系在一起，就像沙堆模型中的沙粒。

尽管大的事件以一种极为规则的频率发生，它们却并非周期性的，在实际演化和我们的模型中都不是。对于实际演化，这一点已经被反复提及，最近一次是在本顿的《化石记录》（*The Fossil Record*）一书中。现实中灭绝记录的统计性质支持生物演化是一个自组织临界现象的观点。

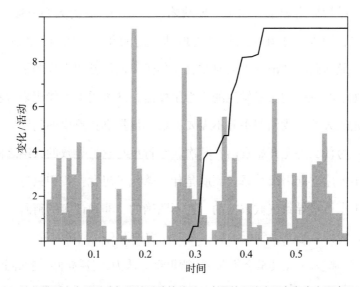

图 37 演化模型中全局活动与局域活动的关系。全局的灭绝率用灰色直方图表示。曲线显示了被任意选中的单个物种的演化。个体的快速变异活动的爆发发生在全局的大灭绝活动期间。不同物种的演化"按同一个节奏进行"。这一点由杰克·斯别科斯基在现实的演化过程中观察到。（施耐本等，1995）

恐龙灭绝和陨石

到目前为止，所有关于大灭绝原因的假说，包括小行星撞击理论，都基于一个隐含的前提——原因和结果应该是相等的。根据这种观点，大规模灭绝必定是由一个特大外部事件引起的，理解灭绝事件的唯一方法是搞清那个事件是什么。阿尔瓦雷斯提出 6000 万年前一颗陨石撞击地球进而引起恐龙灭绝，该理论广为人们所接受。阿尔瓦雷斯甚至还认为这颗陨石是落在他家乡附近的，离墨西哥尤卡坦半岛不远。一个大撞击坑的痕迹，以及全球地层中出现的铱元素（基本与撞击坑为同一年代），被视为这个理论的证据。其中一个原因就是没有"候补"理论曾出现过，从某种意义上来说，没有其他有说服力的因素曾被提出过。

尽管撞击理论有两个主要缺陷，它还是一直为人们所接受。首先，恐龙似乎在小行星撞击地球之前的几百万年就已经灭绝了。最起码，撞击发生的时候恐龙的优势已经被大大削弱了。在恐龙已经衰落的时候发生的小行星撞击，从逻辑上不能用来解释恐龙的灭绝。我们似乎并不需要考虑小行星真正重要的问题应当是：为什么恐龙开始衰落？其次，小行星与它所导致的灭绝之间并不曾建立起因果关系。到底是什么杀死了恐龙？我们只有一些关于小行星导致气候改变的一些不明确的、非被证实的猜测。而且，为什么恐龙受到了影响，而其他物种没有受到影响呢？

一些人（尤其是奈尔斯·埃德里奇）认为，各物种灭绝的同步性可以进一步证明有外部力量同时对各物种产生作用。的确，在一个处于平衡态的线性世界中只能如此：巨大的灭绝事件一定是由巨大的外部冲击导致的，这不是我们自组织临界世界中的情形。

我们的计算证实了，物种演化的间歇性行为，包括大灭绝事件，至少有可能由生态系统内部的相互作用引发。在《灭绝：运气不好还是基因不好？》（*Extinction*：*Bad Luck or Bad Genes*？）一书中，劳普认为灭绝是由外部效应所导致的坏运气引起的，而不是由本身就坏的基因引起的。我们认为即使不存在外部影响，稳态期的好基因仍然不是生存的保证。在生态系统内部的异常演化事件中，物种也可能因为运气差而灭绝。这确实还不能排除灭绝事件是由外部天体撞击地球直接造成的。当然，从更大的视角来看，没有什么东西是外部的，因而任何想解释世间万物的模型都必须在其内部为灾难现象给出最终分析。

然而，灭绝事件的直方图是一条平滑曲线这个事实表明，小灭绝事件和大灭绝事件有着相同的机制，不然的话，那些大灭绝事件的大小和频率就会和较小的灭绝事件没有什么联系。总在发生的那些小灭绝事件肯定和地外天体撞击没有任何关系。

事实上，调和这两种观点极为简单和自然。在我们的模型中，崩塌是由我们所认为的单个物种的变异事件引发的。你也可以把触发事件看作一种外在的原因。例如在沙堆模型中，崩塌是由从外部加入一粒沙而引起的。在后一种解释中，小行星撞击地球只不过是一个触发事件，它最初只会影响单个或几个物种。也许因为缺少阳光，它破坏了一些植物的生长，而这些植物物种的死会破坏其他物种的生存……以此类推。由此可见，大规模灭绝将会是这个初始事件所"导致"的一个多米诺过程。大规模灭绝能够发生是因为其舞台已由以前的演化史所设置，使得生态系统在整体上处于临界态。在最近的几篇文章中，纽曼等把像这样的外部扰动加入到我们的模型中。他们发现这样的模型仍然呈现自组织临界性，其中崩塌大小仍服从幂律分布。其幂指数 τ 为 2，和我们的原始模型不一样，但可能与劳普和斯别科斯基的观测数据更一致。

丹蒂·查尔沃的演化游戏

丹蒂·查尔沃是一名活泼的阿根廷人，最初是学医的，现在居住在美国。他已经放弃了他最初的职业，现在主要从事大脑模拟与演化方面的理论研究。我在一个关于自组织临界性、随机共振和大脑模型的会议上认识了他，这个会议是 1990 年他在纽约州的雪城组织的。当时一点都不清楚自组织临界与大脑模拟有什么关系。我猜想组织这个会议的目的是尝试把医学上的大脑研究与动力学系统中现有的观点联系起来。毕竟，大脑就是一个包含无数个互相连接的神经元的大型动力学系统 —— 我们之后会再谈这个问题。

那次会议使我与一群科学家有了联系，他们一直在为生物体的组成寻找普遍的机制，他们有着跨度非常广的想法。学术报告和讨论的"信噪比"都相当低，但至少有一群思想开放的人意识到我们需要新的思路。

离开雪城，丹蒂搬到圣菲研究所住了几年，接下来又去亚利桑那大学教书。由于多次在各种会议和酒吧讨论中听到我们的演化模型，丹蒂有了他自己的教学方案。

丹蒂让他的 20 个学生坐成一圈，并且给他们每个人一个 20

面的骰子。每个学生代表一个物种，而骰子掷出的数字就代表该物种们的适应性。我们的随机数产生器被掷骰子替代。在每一轮里，数字最小的学生，也就是适应性最差的物种会被选中。他掷一下他的骰子，他左右的两个人也这样做，新的随机数就代表了他们新的适应性。如果两个学生的数字并列最小，那么就通过额外掷一次骰子来决定谁将灭亡。现在拥有最小数的学生就被选中灭绝，如此下去。第21个学生在黑板上记录，他会跟踪每一轮所有骰子的最小数，并且作图。作出的曲线将会看起来像图30（第159页）中的曲线。

经过几轮之后，大多数学生的数值超过适应性临界阈值13，也就是我们模型中出现的比例0.667附近。记录者接下来开始测量崩塌事件分布。一次崩塌始于当所有学生中的最小数超过13时，停止于当最小数再次超过13时。整个模型演变的细节都被记录下来。由于学生数量很少，并且他们的耐心也是有限的，因而得出的统计结果与从高速数字计算机中获得的结果相比显得不太好。通过收集被选中的某个学生的活动并作图，可以发现间断平衡行为。如果我们数出在时间 t 之前他共掷了多少次骰子，由此而得出的曲线会和图33（第166页）差不多。在长时间的稳态期里，他根本不掷骰子，而此时其他学生却很忙。但这种停滞的状态被相对较短的时期打断了，在这些时期里他和他的邻居非常活跃。

自组织临界性与盖亚假说

一名英国科学家吉姆·洛夫洛克在他的一篇影响广泛的论著

中提出了一种十分有趣的观点，认为地球上全体生命的总和可以被视为单个有机体。很多科学家觉得这种观点是极为荒谬的，因为它公然反抗通常的还原论方法，而且有包含"新纪元运动"思想之嫌。洛夫洛克认为：环境，包括我们呼吸的空气，不应当被视为独立于生态系统之外的一个外部效应，而应当属于生态系统内部。氧气代表了物种之间相互作用的一种方式。洛夫洛克指出，自生命起源以来，氧气的比例一直在急剧增长。氧气含量完全是偏离平衡的。保护地球生命的由氧元素构成的臭氧层，并不是碰巧就在那儿，而是由生命自身产生的氧形成的。这个关于氧含量的例子说明，把环境同生命割裂开来看并没有多大意义。应当把地球整体视为单个系统。

说地球是单个有机体意味着什么？你可以问更一般的问题：说任何东西（比如一个人）是单个有机体意味着什么？一个"有机体"可以被定义为一群被相互作用连接在一起的细胞或其他实体，这种相互作用使它们生死与共、命运相连。具体什么算作一个有机体依赖于我们所设置的时间尺度。如果时间尺度为1亿年，那么全体人类就是一个有机体。在较短的时间尺度里，一个蚂蚁巢穴就是一个有机体。基因完全相同的蚂蚁来来回回运输物质来建造和运营它们的巢穴，和基因相同的人类细胞形成各种结构并且把血液循环到整个系统来建造和运营人体，并没有根本的区别。

因此，如果一个系统的各个部分之间有相互的联系（或说"功能上的整合"），以至于它一部分的失效可能会让其余各部分也失效，那这个系统就是单个有机体。沙堆是一个有机体，因为任意处的沙粒倒塌可能会导致沙堆中其他处的沙粒倒塌。

你大概可以认为自组织临界性是盖亚假说的背后的普适理论。在临界态，所有物种的总和可被视为单个有机体，它作为一个整体遵循一定的演化规律。单个触发事件能导致生态网任意大的一部分的崩溃，而最终一个新的稳定的生态网会取代它。这相当于整个的有机体发生了一次"变异"。在临界态，所有的物种都互相影响，它们全体的总和相当于一个大的有机体，其中许多物种共享命运。大规模灭绝事件的存在本身就能很好地说明这个特性。即使一个小行星只直接影响这个有机体的一小部分，也可能最终会导致有机体的很大一部分死亡。

在自组织临界图像中，整个生态系统已经演化到了临界态。独立地考察单个物种的演化不会有多大意义。大气中的氧可以被视为连接我们盖亚有机体各个部位的血液，但我们可以想象，相互作用有多种不同的方式。

盖亚假说诚实地描绘了生命的整体性对盖亚假说的强力反对，体现了科学界企图在生物演化论上维持还原论立场时所遭遇的失败。

重新来一次演化

在现实生活中我们无法"倒一下演化的磁带"，但是在我们的简单模型中可以！历史和生物的演化很大程度上取决于没有规律的偶然事件。如果这不发生或者那不发生会怎么样之类的问题，一直是历史学家无休止的猜测的来源，因而也为数不清的书和电影提供了素材。如果李·哈维·奥斯瓦德在达拉斯没能杀了约翰·肯尼迪，情况会怎么样？历史会改变吗？如果哥伦布被迫返航或在通往未知的危险路途上遇到了飓风会怎么样？在电影《回到未来》（*Back to the Future*）中，主人公回到过去，并且修改了一些小细节，因而修正了他目前的生活中的一些不好的方面。在电视剧《滑翔机》（*Gliders*）中，一群星际旅行者在不同的平行宇宙中造访了地球。在某一集中，人们遇见绿灯要停下来，而不是红灯；另一集中，俄国人在冷战中取得了胜利，并且把阿拉斯加变成了古拉格群岛。在现实生活中，我们永远不知道会发生什么。我们不能从我们现在的情况来外推将来的情况（或者从过去来外推现在）。例如，一年后股市会变成什么样？或明天股市会怎么样？

可以说，正是现实生活对于小的随机事件的敏感性，才使得虚构文学有可能或者说可信。在不处于临界态的世界里，所有事物都是有序且可预测的，因而不可能存在任何有趣的文学。一个想写小说的作家根本无法对这样的世界进行符合现实的合理改动。另一方面，如果一个世界中的任何事物都是完全随机和混沌的，那也不可能存在文学，因为在这个世界里，明天要发生的事与今天发生的事毫不相干。

经济学中偶然性的重要性曾被圣菲研究所的布赖恩·阿瑟强调过。例如他指出，录像机中 VHS 系统取代 Betamax 系统，或者内燃机取代蒸汽机，都依赖于偶然的历史事件，而不是胜出的那一方。在传统的均衡经济学中，最好的产品总会胜出。

斯蒂芬·杰伊·古尔德曾强调过，在地球生命的演化史中，偶然性扮演了重要的角色。我的一位同事，玛雅·帕祖斯基，在阅读古尔德的作品时提到，偶然性的重要性可被理解为自组织临界性的一个结果。如果我们能够在稍微不同的情况下重演历史，会出现什么情况？在现实生活中，任何事情都只能完完整整地发生一次，因而我们不能重演历史。但在我们的简单演化模型中，我们作为"上帝"能够再做一次计算机模拟，并只在某个地方做一个小小修正。

　　我们怎么才能把这种想法付诸行动呢？我们决定"倒一下演化的磁带"。首先，我们按通常那样运行演化模型并且跟踪一个物种累计的变异数（图38），这就得到了通常的间断平衡"魔梯"。然后，我们找到一个波及该物种的较大的崩塌，并定位引

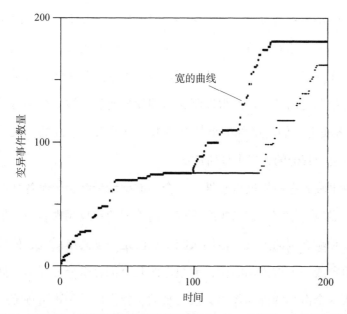

图38　重演历史。在运行演化模型（宽的曲线）一次，又从某一个时间点开始重新运行了一次演化模型（断开的曲线），而在这次的模拟中，一个随机数的改动使得一个突变事件被阻止了。一个大的灾难灭绝事件被避免了，但是后来其他一些灭绝事件在之后的演化历史中发生了。（巴克和帕祖斯基，1995）

发这个崩塌的变异事件。当然，这只能在模拟已完成后进行。这个引发事件恰好离我们所跟踪的那个特定物种有一段距离。通过用一个更高的值来取代其原本的适应性，我们阻止了那儿的灭绝，也就避免了那个引发崩塌的事件的发生。这种介入可以类比于改变一个小行星的路径，或者阻止青蛙发展更有黏性的舌头。我们接下来再一次运行模拟过程。对于那些不受我们的改动影响的物种，我们所选择的随机数和以前一样。而对于受到改动的影响的物种，就必须选择新的随机适应性，这包括改动发生后的时间里所有受到影响的事件。在这个微小变动出现的地方，历史改变了。在重演历史的过程当中，我们用与原历史相同的方式，对累积变异事件数量也进行了跟踪。

新的结果作为瘦的曲线显示在图38中。原来那个大的间断事件没有了。然而，重演历史根本无法阻止大的灾难。在后来的一些时间点上出现了一些其他间断。因而大的涨落无法通过企图移走灾难源的局部操作而得以阻止。即便恐龙没有被一个小行星（如果事实上它们的确曾被小行星撞击）所毁灭，另外的一大群物种也会为其他的触发事件所淘汰。

由于临界态的极度敏感性，一个小的扰动最终会影响各处的行为。混沌科学家称这为蝴蝶效应。南美洲的一只蝴蝶扇一下翅膀就会影响美国的天气。他们头脑中想的是一个简单系统，像费根鲍姆图或一个被推动的摆，或很少的几个耦合微分方程组。如果给摆一个微小的推动作用，摆后来的位置会以一种不可预测的方式极大地有别于原来的轨迹。当然，全球气候并非一个简单的混沌系统，因而这些考虑显得不合适。我们的演化模型说明了一个复杂系统的蝴蝶效应。任意事件的任意微小扰动迟早会影响系统中的一切。如果初始事件导致了一个大崩塌，那么扰动效应就会较早而不是很迟才发生。我们相信我们所描述的是现实中的蝴蝶效应，而不是在与演化或者其他任何复杂系统没有任何关联的简单混沌系统中所发现的那种蝴蝶效应。

为了证实临界性与间断平衡之间的联系，我们还进行了一个非临界系统的模拟。我们在系统达到临界点之前停止了演化，然后用前文所述的方法阻止一个灭绝事件的发生，并与原演化过程比较。非临界演化是渐进的，没有大的间歇性爆发事件。改变或者剔除一次随机事件根本不会有什么显著的影响。尤其是，当剔除某个事件时，远离这个事件的物种完全不会受到影响。所有这些模拟都可以很方便地用丹蒂·查尔沃的骰子游戏的方式来做。

第九章　间断平衡模型理论

不愿意进行数学计算和分析的读者可以跳过这一章的大部分内容，在本章中我们简要介绍间断平衡模型的数学分析理论，但这一章的最后一节不能略去，因为它指出演化和地震的一个内在的相似之处。不跳过这一节很重要，因为这本书的关键在于为从相应的分析上深入了解模型的行为打下基础，并进一步发展，从而进入根本的物理过程。处理过分简化的玩具模型的主要原因是，我们不仅能用计算机模拟，而且能用数学方法研究它们。这使我们的研究结果有一个更为坚实的基础，以便我们不受那些堂皇的哲学主张的束缚。

作为一个额外的好处，从简单的演化模型研究中获得的见解能够运用到生命游戏中去，为最微观层次的理论——粒子理论和康威生命游戏理论所提出的复杂表现之间提供了一种壮观的、超乎寻常的联系。

什么才算理论？

奇怪的是，"什么构成了一个理论"这个概念在生物学和物理学中似乎有些不同。在生物学中，达尔文关于演化的一些想法被称为一个理论，尽管它只不过是一些普遍观察结果的口头表述，那样做并没有错。根据科学最根本原则之一，理论就是关于自然界中某些现象的陈述，从原则上来说它能够与现实匹配，并且可能被伪造。描述可以是口头上的，也可以是数学上的。在物理学中，我们运用数学语言来表达我们的理论。为了使理论能匹配现实，我们解方程，并与实验相比较。通常某些仪器会给出一个测量值，理论计算也会得到一个值。如果这两者不符，我们就返回实验。当理论用不那么精确的口头语言表述时，与事实的冲突就变得更加麻烦，从而留下了余地使得专家们无休止地争论什么构成了更好的描述。有时实验结论本身就被视为一个理论，原因是其不能浓缩成更普遍的原则。

古生物学是一门经验观察科学，就像天文学和实验粒子物理学一样。然而，基于古生物学家斯蒂芬·杰伊·古尔德的《美妙的生命》（*Wonderful Life*）中所承认和详细讨论的一些误导性自卑情结，似乎存在一种谎言，即如果能将理论这个词附加到科学上，科学就会变得更受尊重。这门科学被认为是"理论上的无能"。

这种什么才算一个理论的模糊性在我第一次遇见古尔德时逐渐变得清楚起来。那是 1993 年，我当时正在哈佛大学物理系做一个物理方面的学术讨论会，那时正值我与金·施耐本合作的有独创性的工作刚刚完成。主持人是戴维·尼尔森，一名研究凝聚态理论的教授。我表达了想要和古尔德讨论的想法，他当时是哈佛大学的一名教授。不幸的是，那天我的日程（更不用说他的）已全排满了，因而没能安排别的事情。

晚上，戴维邀请我去哈佛学会共进晚餐。当时几乎没有时间吃饭，因为我得乘晚上八点钟的飞机从波士顿返回长岛。我碰巧坐在主席的旁边，而另一边是一名微笑着的绅士。我作了自我介绍。"斯蒂芬·杰伊·古尔德"，他也介绍了他自己。多么巧——我想见的那个人恰恰就坐我旁边。不应当浪费这个机会。

"如果有一个间断平衡理论不是很好吗？"我开始问道。

"间断平衡就是一个理论！"古尔德回答道。

下一步怎么办？没能进行更多的交流，我不得不去赶飞机。

演化模型的随机近邻形式

如何着手构建一个物理学家意义上的理论？结合计算机模拟构建一个简单模型，并不能构成完整的理论。尽管数值计算结果能够对观测结果进行预测，它们还是对自组织临界物理过程的有限了解。复杂现象的简单模型的主要好处在于人们最终能用强有力的数学方法来处理它们。由于这个原因，我们尽可能地简化了演化模型。计算机模拟充当作为分析方法的指导原则，可以帮助我们集中想法。模型和数值模拟架起了自然界和数学理论之间的桥梁。需要解决的主要理论问题就是模型自组织到临界态这个过程，以及临界态的表征，用幂律的临界指数来表示，而最终应当与观察结果相比较。

在构建了我们的模型并作了最初步的计算机分析之后，我们找到了我们的同事亨里克·弗比约格，他有一个"更数学"的头脑，并且已经和法国萨卡雷的伯纳德·德里达花了一段时间研究斯图尔特·考夫曼模型。同时亨里克也是我们证明考夫曼的 NKC 模型没有表现出自组织临界性的理论组的主要人员。

亨里克当时正在普林斯顿大学访问，因此我们决定在中途（即曼哈顿）会面。沿着第八街从市中心通向巴特利公园的一路上，我和金·施耐本向亨里克解释最终我们如何想出一个自组织临界演化模型。没多久，亨里克就提出了一个可以接受严格分析的版本。当我们一起吃午餐的时候，他还找出一种能用图 31（第 160 页）中临界阈值的活动来正确定义崩塌的严格方法。

他不是把物种放在一个环中，而是让每个物种与系统中随机选出的两个物种相互作用。在每个时间步长中，我们要选出适应性最差的物种，以及另外两个随机的物种，并且为所有这三个物种提供新的随机适应性。在丹蒂·查尔沃的进化游戏中（见第 174 页），这将对应一种情况：在每个时间步长中有一个学生骰子上的值最小，而这个班上的另外两个随机的学生将掷他们的骰子。

亨里克计算出适应性阈值，即经过一段很短的时间后所有的物种都发现它们处于其上的值。和链模型的 0.667 相比，这个阈值是 $\frac{1}{3}$。这个数值本身并没有多重要。他还计算出崩塌分布的幂律的指数 τ 为 $\frac{3}{2}$。那样的话，灾难事件就会比最初 $\tau = 1.07$ 的模型中的灾难事件稍微要少一些。这个指数值看起来与劳普的灭绝事件分布的数据更符合（图 5，第 19 页）。许多其他结果现在也可以从随机近邻模型中得到。和往常一样，尽管模型简单，但最终得出的数学结果却非常复杂。

随机近邻模型中的崩塌过程可被视为一种"随机游走"。在崩塌传播的某个阶段，会有一些适应性在阈值之下的、活动的物种。在下一个时间步长中，活动的物种的数量会随机地增加 1，或者减少 1。这个过程一直持续下去，直到再没有活动的物种，于是崩塌就结束了。

在《灭绝：运气不好还是基因不好？》一书中，劳普给出了一些相似的观察结果。利用斯别科斯基的数据，他估算了各种物种的寿命，认为这个过程确实是随机游走，其中在每个时间步长中，家族中的物种数量增加 1 或减少 1。不幸的是，劳普并不是一名好的数学家，因而他对图 39 的结果的分析存在不足；他认为那将会导致一个几百万年的"特征寿命"，与没有物种特征寿命的幂律相反。亨里克·弗比约格、金·施耐本和我分析了劳普依据他的理论得出的"死亡曲线"（图 39），意识到那是一个极好的幂律，指数为 2。这可能是表明生命的确是一个自组织临界现象的最好的信号之一。我们不理解为什么指数是 2。

还有一个具有更多复杂性的可解模型。1993 年到 1995 年期间，斯蒂芬·贝彻是布鲁克海文国家实验室的一名助研，主要研究粒子物理理论。遵从当时粒子物理学家寻找新科学领域的一种普遍潮流，他开始对自组织临界性的世界产生兴趣。玛雅·帕祖斯基和贝彻提出了一个模型，其中每个物种通过许多性状明确地表征，每个性状都对物种的适应性有贡献。在每个时间步长中，所有物种中适应性最低的单一性状将会"变异"，也就是，相应的适应性用 0 到 1 之间的一个随机数来替代。这个性状和食物链结构中其右边的性状及左边的性状相作用。那些性状也被赋予了新的随机适应性。当每个物种恰好只有一个性状，模型就回到了

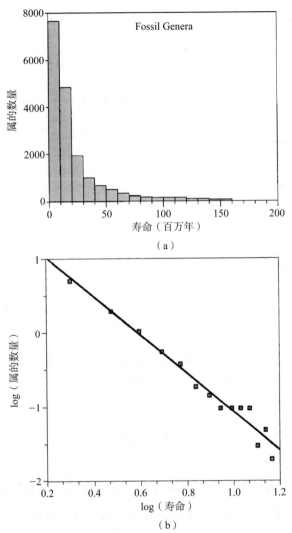

图 39 (a) 劳普的"死亡曲线"。直方图上显示了寿命分布给定的属的数量。**(b)** 为用同样的数据画出的对数图。这个分布是一个指数大致为 **2** 的幂律分布。

最初的间断平衡状态。

令人吃惊的是，在有很多性状的极限下，模型能用非常成熟

的数学方法精确求解。崩塌大小的分布是一个指数为 $\frac{3}{2}$ 的幂律分

布，正如亨里克的随机近邻模型一样。单个物种的间断平衡演化如图40所示。"魔梯"的平稳分布由一个指数为$\frac{7}{4}$的幂律给出。

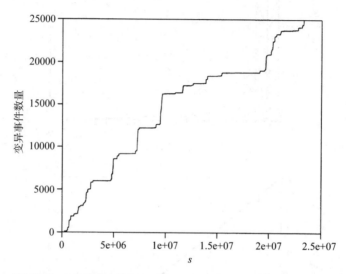

图40 帕祖斯基－贝彻模型中的间断平衡。曲线显示了单个物种的变异事件的总数随时间变化的情况。稳态期持续时间的分布能严格计算出来，指数为$\frac{7}{4}$。

自组织过程

间断平衡模型中自组织的普遍过程已由玛雅·帕祖斯基、谢尔盖·马斯洛夫，以及我本人研究过。与沙堆模型和地震模型相比，我们有可能为生态系统自组织到临界状态这个缓慢的过程构建一个数学理论。

马斯洛夫在位于莫斯科的著名的朗道研究所完成了本科学业。他的导师是瓦莱里·波克罗夫斯基，以发现相变标度理论而著称，这个理论基本上是所有我们目前对临界现象的理解的基础，不知为什么他没有因此而获得诺贝尔奖。我们自组织临界性（SOC）的观点与那些观点完全一致。在冷战的最后几年里，我曾多次访问朗道研究所，而且同时建立了一些良好的友谊。科学，尤其是物理学，在苏联受到极大的尊重，而且发展得相当好。我和瓦莱里曾在凝聚态物理的好几个项目上合作过。瓦莱里向我介绍了塞格，于是我们帮他在纽约州立大学石溪分校注册，这儿离布鲁克海文国家实验室不远。这促成了他与玛雅和我的成功合作。

自有了 SOC 以后，我一直为缺乏 SOC 解析上的进展（书面的）所困扰。是的，事实上有迪帕克·达尔给出的美妙、精确的结果，以及有着相当好的近似的计算指数的方案，尤其是罗马的卢西亚诺·彼得罗内罗合作组给出的结果，但是在系统如何被吸引到临界态这个重要问题上基本没有什么进展。然而自塞格与我们合作之后，这种情形就有了改观。

对临界点的逼近遵循一个特征模式（图 30，第 159 页）。属于任何变异物种的最大适配度的值在某一特定时间内遵循图中所示的阶梯式曲线。该曲线的台阶显示了适应性增加时的一些时间点。在这个台阶之后的一段时间里，系统中出现一些较低的适应性，但最终这些适应性被抹掉了，曲线又会有一个较小的阶跃。我们称这种曲线为"间隔"曲线（描述它的方程称为"间隔"方程），因为当曲线上有一个"台阶"时，没有物种的拟合度低于曲线。台阶之间的变异行为被称为"崩塌"。崩塌代表了一连串的灭绝事件。可以证明，崩塌中的所有变异事件和第一个变异通过一个树状结构联系起来，也就是说它们是由一个多米诺骨牌效应产生的。在崩塌完成，即曲线上形成一个台阶时，活动会转移到生态系统中的其他地方，一般来说，其与以前崩塌中已变异的物种都没有联系。

当适应性曲线的平台变得越来越高的时候，崩塌的平均值也变得越来越大。最终，崩塌的大小到达一个无限大，这个极限值只由系统中物种的总数决定，于是台阶式的包络曲线不再增长。它在f_c=0.667的时候卡住了。在那个时刻，系统已经变得临界而且稳定了。在崩塌中，一些物种的适应性，按崩塌的定义，要小于临界值，但在崩塌结束的时候，所有物种的适应性又都在临界值之上。因而，自组织过程能用崩塌大小的一个不可避免的发散现象来描述。这种发散用指数为γ的一个幂律描述，在相互作用的物种排成一个环的模型中，γ=2.7。

间隔f往临界值的渐渐逼近与时间的函数关系又符合幂律：

$$f(t) = f_c - A(\frac{t}{N})^{-1/(\gamma-1)}$$

这里，t是更新步数的总数，N是物种的数量，A是一个常数因子。这个方程是自组织过程的基本方程。它表明，当t越来越大的时候，间隔f就越来越接近临界值f_c。图30（第159页）中的包络曲线遵从同样的公式。具有唯一的间隔值的临界态是动力学的一个吸引子，与非自组织的临界系统相反，调整是必需的。我们称这个方程为间隔方程。

沙堆模型的临界性也是由一个类似的过程造成的，尽管这儿的理解大多是数值上的。当沙堆越来越陡的时候，沙子滑动的距离变得越来越大，直到它们到达临界坡度，在那儿，它们散开并覆盖了整个系统；这就阻止了系统的进一步增大。

临界态

一旦系统达到临界态，演化动力学就由图 32（第 165 页）中所示的时空分形来描述。我们已经定义了这个分形的分形维数 D，也定义了崩塌的指数 τ。有趣的是，人们可能认为所有可以进行测量的其他量都能用这两个指数来表示。例如，间隔方程中描述临界态的指数 $\rho = \dfrac{1}{\gamma - 1}$ 有一个简单的代数表达式，$\rho = \left(\dfrac{1+1}{D-\tau} \right) \left(\dfrac{1-1}{D} \right)$。我们已推导出的另一个公式允许我们非常精确地确定阈值。结果表明 $f_c = 0.66700$，而并非我们一直以为的 $\dfrac{2}{3}$；只不过它们非常接近而已。

另一个我们曾长期忽略的量是"功率谱"，例如展示 $\dfrac{1}{f}$ 类噪声的量。我们再次考虑单个物种随着时间的推移而发生的变异行为活性。间断平衡行为，其中持续时间长短不一的稳态期隔开了爆发行为，产生功率谱 $S(f) = \dfrac{1}{f^a}$，指数 $\alpha = \dfrac{1-1}{D}$。在我们的模型中，指数为 0.58；而帕祖斯基－贝彻模型，指数恰好为 $\dfrac{3}{4}$。

因而，对于间断平衡模型来说，一切都得以很好地理解。自组织临界态的存在已得到证实。由此而得出的动力学可用基本的时空分形来理解。功率谱是类 $\dfrac{1}{f}$ 谱，有各种大小的崩塌，它又为第一章中所讨论的所有经验结论的起源提供了理解手段。当然，我们的模型必然会相当抽象，但它们是鲁棒的。可以改变模型的特性，但不会改变临界性。这种特性使得我们相信模型足够通用以至能跨越现实世界。作为一个附带的好处，所有理论结构对于与"液体浸润"和"界面渗透"紧密相关的其他自组织临界性模型也成立。

重访生命游戏

崩塌可用从粒子物理借过来的简单术语来描述。适应性在阈值 0.66700 以下的物种，如图 31（第 160 页）所示，可被视为"粒子"。崩塌可被视为级联过程，在这个过程中粒子移动，分成更多的粒子，或者死亡。一个粒子在右边的一个物种或左边的一个物种恰好成为一个粒子的时候会移动。换句话说，它获得了一个新的适应性，其值在临界值之下。当所有受变异过程影响的物种都获得临界性以上的适应性时，一个粒子就会死亡。如果两个或三个物种获得临界性以下的适应性，一个粒子会分成两个或三个粒子。当不再有粒子的时候，一个崩塌就结束了。接下来从适应性处于临界值的物种开始新的崩塌，以此类推。

回顾一下我们是如何研究生命游戏的。从一个静态的"死"配置出发，随着个体的产生和灭亡我们开始得到一场崩塌，这种过程是完全相似的。有生命的格点可能移动，死亡或按同样的方式分支，直至生命游戏停止在一个新的静态，并启动一个新的崩塌。

粒子物理学家为级联过程现象构造了一个理论，称为"瑞奇场论"，是以它的发明人意大利物理学家瑞奇的名字命名的。这个理论描述了一个粒子能分裂成其他粒子，以及粒子互相湮灭的过程。瑞奇场论并非自组织临界的，但通过调节粒子的分支概率可使它变得临界，就像一个核链式反应。玛雅提出，也许临界行为，甚至生命游戏的复杂性，都可以从处于其临界点上的瑞奇场论中得以理解（那些在崩塌中具有较小适应性的活动格点代表着粒子）。

我们去了图书馆，而且找到了瑞奇场论的二维情形中崩塌分布指数的最佳值，也就是所谓的"直接渗滤"。指数的值为1.28。为了得到生命游戏中尽可能好的指数值，我们联系了两名同事，一位是哥本哈根玻尔研究所的普里本·阿斯托姆，另一位是德国朱丽奇研究所的詹·海明森。他们已在生命游戏中做了巨大的数值模拟（和我们的模拟一样），而且崩塌扩展到了包含 1 亿个变异。最好是依靠别人的结果，这样就不会因为我们自己的想法和愿望而产生偏见。

结果很快就出来了：指数的值的确是1.28！因而，通过对我们演化模型的模拟，我们发现了包容各种奇异生物的生命游戏和粒子物理中的复杂事物之间的一种显著而深刻的联系。从复杂开始，所有的路都通向简单。

这不是科学的全部吗？把那些迄今为止根本不同，看起来毫不相干的现象联系在一起，因而也就减少了世界中未知的量。我们还将看到另一个这种令人吃惊的例子。

重访地震

最近，事情又发生了意想不到的转变。日本神户大学的伊藤敬祐是最先意识到地震可能是一个自组织临界现象的人之一，他还得出了另一个有趣的结论。

伊藤认为间断平衡模型可大致被视为一个地震模型，只是在术语上做改变就行了。演化模型中的适应性景观等价于产生地震的一个断层面中的各种障碍物的分布。他想到了一个二维情形，在这种情形中每个物种影响其 4 个最近邻。变异对应于断裂。在地震学上，一个断层面的强度 / 能量的不均匀分布用"障碍"或"凸凹不平"来描述，这些被认为是导致地震复杂断裂过程的原因。演化模型中的适应性可被视为断层模型中的凸凹度。

在地震中，断裂从地壳中具有最小障碍强度的最薄弱处开始。当这个格点断开的时候，其附近的应力会发生变化。这可以通过赋予那些格点上的新的阻碍物以新的随机值来模拟。只要新的障碍比断裂的阈值要弱，断裂就会传递下去。当最小的障碍都比阈值要高的时候，地震就停下来了。过一段时间，当地应力又增长时，另一场地震从最小障碍格点处开始了。所有这些现象遵从间断平衡模型。

总之，伊藤把断层带的整体动力学视为图 32（第 165 页）所示的演化模型的动力学。我们处理的是单个动力学过程，而不是每个地震的每个过程。另外，动力学不能理解为与一些独立过程产生的断层有关的一个现象。断层结构和地震都是由一个过程产生的，只有一个时空分形结构。空间结构和时间结构是一个硬币的两面。一个特定格点中的时间行为是这个分形中的一个纵截面，而空间行为则是一个横截面。

这如何与现实对应起来？伊藤考察加利福尼亚州的地震要回到同样的小区域所需的时间间隔，也就是，他观察了在某个给定位置地震间的稳态期分布。他测量了8000次地震的这种返回时间的分布（图41）。令人吃惊的是，它是一个指数为1.4的幂律分布，非常接近我们的指数1.58。他还考虑了同一地区从某个地震到任意后续地震而不只是首次地震所需时间的分布。这又符合另一个幂律，指数为0.5，对比之下我们的指数为0.42。最后，他测量了从一次地震到下一次连续地震的空间距离分布。这是另一个指数为1.7的幂律分布。时间和空间上都有幂律这个事实喻示着加利福尼亚州的地震活动模式有一个潜在的时空分形，而且很可能这个分形是由一个动力学过程产生的，这个动力学过程遵循类似于我们演化模型中的规则。

经验上的结果表明，地震是一个自组织临界现象，具有所有自组织临界现象的特点。返回时间，也就是稳态期满足的经验幂

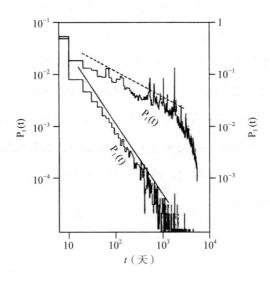

图41　加利福尼亚州（1971—1985）地震中等候时间（"第一次返回"时间）及"全部返回"时间的分布。等候时间的分布是一个指数为 **1.4** 的幂律分布。这表明地震是一个自组织临界现象。（伊藤，1995）

律十分有趣，因为它表明地震不是周期性的。即使在科学家中，也有一种趋势，就是把按某种程度的规则性发生的事件视为周期性的，这一点比较一下劳普和斯别科斯基的灭绝数据观点就不难看出。幂律表明在某个位置发生大地震后，你等的时间越长，你可以预期还需要等待的时间越长，这和民间故事不一样。地震在时间上是聚焦的，而不是周期性的。

演化也一样。一个物种活得越长，我们可以期待它在未来存在的时间就越长。蟑螂的寿命都可能超过人类。

我常常会问，认识到自然界作用在一个自组织临界态上有什么"好处"？它如何能帮助我们预测或阻止地震的发生？如何用它来在股市上赚钱？如果我这么聪明，为什么我还不富有？通常我不喜欢回答这些问题，并非我不相信对事物的运作机制的深入了解不会在某个时候里得到回报，而是我认为孜孜以求的过程本身就是值得为之努力的。

有一种商业模式完全依赖于事件的统计性质：保险业。我应当能通过卖"地震保险"而获利！我应当接近那些长时期没发生什么大地震的地震区的居民。销售宣传应当指出"显而易见"的事实，即一个地震"快要来了"；无论如何，我会以低于我的竞争者的价格售出地震保险。另一方面，我会远离最近发生过一个强烈地震的区域。

第十章　大脑与自组织临界性

　　人类的大脑能够形成周围复杂世界的映像，因而大脑可能是复杂的。然而，这并非必然的。通过自组织过程，复杂行为可以从简单模型中涌现。大脑也可以是一个相当简单的器官。

　　从无结构的天然状态开始，周围环境的信息被输入至大脑，在此过程中大脑自组织到临界态。用沙堆模型进行类比，一个"想法"可以被视为一个中断，也就是，由一些次要的观察或另外一个"想法"输入所引起的或大或小的崩塌。

　　大脑包含着十亿的神经元。每个神经元可能和成千上万个其他神经元连在一起。独立神经元的放电机制很容易懂，但是亿万个神经元是如何共同作用，从而形成了我们称为"想法"的过程？和计算机的工作方式相比，计算机的功能与组成计算机的元晶体管的性质是可分离的。制造计算机的人甚至可以不需要知道晶体管的工作原理。计算机的功能来自相互连接的晶体管的共同作用。

　　计算机和大脑至少概念上有一个较大的差别。计算机是通过设计而制成的。工程师把所有的电路放在一起使它们工作。没有工程师就没有计算机。然而，不存在工程师把大脑的神经突触连接起来。此外，每次外部世界给大脑输入一个新问题的时候，也不会有工程师来进行调整。你可能会想象大脑从诞生开始就是准备好了的，连接是不变的，所有连接都是演化形成的，而且所有可能的情况都被编码并输入了 DNA 中。这是说不通的。演化是有效率的，但不是那么立竿见影。的确，DNA 中所包含的信息量足够决定神经连接的通用规则，但不足以决定整个神经网络连接。这的确有一些不变的连接 —— 这也是为什么龙虾的大脑肯定不同于人的大脑 —— 但是个体的大脑功能却是随着时间演化的。这意味着结构应当是自组织的而不是被设计的。大脑的功能基本是由大脑必须要解决的问题所创造。

因而，要理解大脑是如何运作的，很重要的一点就是理解其自组织过程。只有某个时刻的大脑连接是不够的，正如仅仅有某时刻沙粒的全景图不能使我们理解沙堆一样。基本上所有神经网络中对大脑功能的建模都忽略了过程的自组织，仅仅是专注于操作输入和输出的连接来获得一个能工作的大脑模型。如果把这种系统用在工程上，例如模式识别，效果会很好，但如果用它去理解大脑功能，是存在误导性的。

为什么大脑应当是临界的？

可以从两种角度论证下大脑必须是临界的。第一个角度是当一个大脑接受了一些外部信号，例如面对一个图像，输入的信号必须能够访问大脑储存的所有信息，因而系统不能是亚临界的，否则只有有限的一部分能被访问。从一个亚临界沙堆上掉下来的沙粒，只能通过崩塌的方式在局部上发生相互作用。大脑也不能是超临界的，否则任意的信号输入都会在大脑里产生爆炸性的分支过程，而且会将输入的信号与大脑中所贮存的一切联系起来。

　　另一种角度则是考虑大脑某处的一个神经元以及有一段距离的输出神经元。通过改变这个神经元，例如增加或减小它与邻近神经元的连接强度，则应当有可能影响大脑中的输出神经元；否则这个神经元就不会具有任何有意义的功能了。如果大脑处于稳定的亚临界态，那个变动就只会造成局部的效果。如果大脑是一个混沌的无序态，各处的神经元放电，那么就不可能通过所有噪声和输出神经元交流，并且不可能适当影响其信号。

　　因而，大脑必须在临界态上运行，在这个状态下信息刚刚能够传播。在临界态，系统对小的震动有着极高的敏感性，甚至单个沙粒都能导致一个大的崩塌。所以我们说临界系统具有极高的灵敏度。当然，沙堆中位于临界态的崩塌不具有任何有意义的功能，因而我们的问题是让崩塌把输入与相应的输出联系起来。

　　大脑是如何自组织到临界态的？在沙堆模型中，临界性的获得是通过往沙堆中缓慢加入沙粒，一次一粒。

　　最近几年，我和迪米特里斯·斯塔西诺普洛斯一起一直在研究这个问题。斯塔西诺普洛斯和玻尔研究所的普里本·阿斯托姆一直在研究关于转向过程的神经网络模型，例如跟踪一个飞行目标。通过一个反馈机制，网络停留在一个临界态，这个反馈机制会使输出降低，而不是使输入降低。

斯塔西诺普洛斯和我想到，或许可利用这个工作的一些想法构建一个玩具大脑模型，因此我邀请他来布鲁克海文访问一年。

猴子问题

描述大脑功能时所遇到的问题之一就是确认大脑在实际"解决"问题时存在不确定性。准确地说，大脑的功能是什么？仅仅说它在"思考"是不够的。在一些大脑研究中，当被试受到各种刺激时，研究人员跟踪大脑活动的区域，但没能对普遍原理作出任何解释。在构建一个模型前，我们发现找到一个用大脑去解决的特定问题很重要。

一只饥饿的猴子面临着以下问题。为了得到食物，它必须拉一下两根杆中的一根。与此同时，它还会看到一个可能为红色或绿色的信号。如果是红信号，猴子得拉一下左边的杆；如果是绿信号，猴子得拉一下右边的杆。信号在红和绿之间来回切换，如果拉了正确的杆，猴子会得到几颗花生米。

关于这种情形的示意见彩图 9。通过猴子的眼睛，外部世界输入一个信号到猴脑的一些神经元中。由此而得出的猴子的行为又反馈给外部世界，反过来，外部世界又通过给或不给食物把反馈信息输送给猴子大脑。经过几次试错后，猴子学会了正确操作。

脑的功能应当是自组织的这个事实给每个脑模型都加上了严格的束缚条件。在我们的模型中，神经元排列在一个二维的网格上。每一行中的每个神经元与下一行的 3 个神经元连在一起，在彩图 9 中用箭头表示。我们还研究了一个连接是完全随机的网络。这个网络同样可行，但要用图显示出来就困难多了。来自环境的放电信号由脉冲表示，这些脉冲被送入一些随机的神经元，如果信号是红的，这些神经元就是红的；如果信号是绿的，这些神经元就是绿的。定义初始网络是一件很容易的事。只需几句话就能说明其几何特征。要指定一个更大的网络，也不需要更多的信息。大脑模型"诞生"时是一个简单的结构。

在每一步里，每一个神经元或处于放电状态或处于非放电状态，这要视输入电压或电位是否超过了阈值而定。放电的神经元把电信号输送给其他神经元，驱使这些神经元的电位接近阈值。这与沙堆模型极为相似，在沙堆模型中如果沙堆高度超过了阈值就会发生一次坍塌。来自一个放电神经元的信号被输入下层的 3 个神经元中。每个神经元的输入依赖于它自身与放电神经元的连接强度。此外，所有的输入都加入了少量的噪声。

输出由最下层的神经元给出。例如，对红信号来说，从左边数第 10 号神经元和第 15 号神经元必须放电，对绿信号来说，第 7 号神经元和第 12 号神经元必须放电（彩图 10）。

起初，神经元之间的连接强度是任意选定的。每隔 200 个时间步长或者遇到正确的输出，红信号和绿信号就进行转换。来自环境的反馈以一种完全民主的方式发送到所有的神经元连接。这可以代表激素，或被输入大脑的一些其他化学物质。从这种意义上来说，我们的模型和大多数其他的神经网络模型有着根本的不同，在那些模型中，必须进行大量的外部计算，而不是（像我们模型这样）由网络本身完成具体的连接权重更新。

如果有一个正反馈，也就是合适的输入神经元放电了，那么所有同时放电的神经元之间的连接都被加强了，无论它们是否对想要的结果起了作用。如果有一个负反馈，所有这些放电连接都被微微削弱了。所有其他不放电的连接则不受影响。

这种方案以前也有人试过但没有成功，恰恰是因为输入和输出之间联系很弱，从而使得学习过程极其缓慢。还有，一旦红色信号亮了，对绿灯来说可行的模式就被遗忘，反之亦然。需要加入一个额外的成分。如果有太多的神经元放电了，所有的阈值都会增加。这种机制的功能是保持尽可能低的（神经）活动，其结果是将大脑控制在一个临界状态。为了清楚地思考，你得保持冷静！如果（神经）活动变得太低，例如如果大脑睡着了，没有任何输出，那么所有神经元的阈值都被降低了，而且更多的神经元放电了。猴子开始感到饿，并激活大脑。所有这些过程在生物学上都是合理的；它们可以以化学物质的形式在大脑中传递，不需要指定具体的位置。

图 42 显示了该玩具模型的表现，它是用正确发放的输出神经元的相对数量来衡量的。经过一段最初的游走期后（我们也称为学习期），玩具大脑最终学会了在正确反应之间迅速地转换。这种转换十分显著。彩图 10 用黄色方块显示了两种不同输入下的成功放电模式。

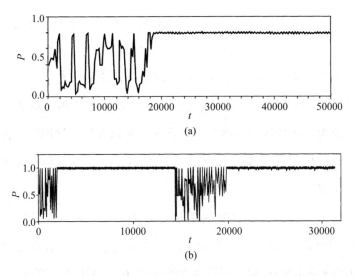

图 42（a）发现好坏与时间步长数量的关系。发现好坏被定义为正确应答细胞的相对数量。注意转变总的位置，在那里大脑已学会了在两种模式之间迅速转换。在（b）中经过 **15000** 个时间步长后，一个 **5 × 6** 的神经网络区域的块被移走了。过了一会儿，大脑又学会了在两个输出信号之间正确地转换。（斯塔西诺普洛斯和巴克，**1995**）

大脑与河网

　　在认知过程中大脑神经网络内部发生了什么？通过一个复杂的组织过程，系统在输入信号被选的部分和正确的输出细胞之间产生内部接触或连接。这个过程可被想象为一个有拦河坝（阈值）的河网的形成。当输出不对时河床被抬高（神经放电连接被削弱），而且拦河坝被降低了（阈值被降低了），这将导致水往别的地方流；这可以类比一个"思考"的过程。在这个过程中大脑活动加剧。

　　如果在某个点反应刚好包含了正确的细胞，"河床"就被降低，而所有的"拦河坝"都被抬高，这就阻止了信号往别的位置流动。当还和正确输出连在一起的时候，系统就企图尽可能多地减少活动。在某些点上阈值会变得太高，输出会变得太低（猴子注意力不集中），但系统马上通过降低阈值来作出反应。少量的随机噪声阻止了"河网"陷入错误的模式，即使得"河床"太深，因为这样的话"河网"无法逃逸。噪声允许"河网"去探测新的可能性。每个输入形成了一个由彩图 10 中的黄色方块表示的"河网"。

这个过程和演化模型的机制有某种类似之处。在低适应性（与输出的不正确连接）期间，活动相对要强一些，在那儿系统试了多种不同的连接，最终才找到一个有正确连接（高适应性）的态，在正确连接处，大多数神经元是被动的，正如演化模型中稳态期里适应性在阈值之上的那些物种，在稳态期它们已"学会"正确地和环境相联系。

快速转换的能力与作用在临界点的系统有关。信号勉强能够在系统中传播。其流动模式和安德里亚·里纳尔多的临界河网很相似，而并不像有很多大湖的洪水系统。一个传统的神经网络模型对应于一个洪水系统，在所有时间里只有大约一半的神经元放电了，造成很少的交流。在临界点，系统的状态的变化好比是从一条河流切换到另一条不同终点的河流去。我们利用了临界态的高灵敏度。

河网面对破坏仍是鲁棒的。如彩图 10（c）和 10（d）所示，经过 15000 个时间步长后，一个包括 30 个神经元的区域从河网中被移去。经过一个短暂的时期之后，通过在河网上划出新的河流，河网已经学会了正确的反应。其表现好坏显示在图 42（b）

（第 203 页）中。换句话说，系统学会了应用其他特性，而不是输入信号的一些特性，可以将这想象为用"气味"代替"图像"。

　　我们的玩具大脑模型并非一个实际的大脑模型。它唯一的目的是要证实大脑功能的许多方面能够以一个最简系统来理解。大脑的能力与其动力学紧密相关，其动力学将有关外部世界的知识组织到一个安静的媒介中的关键路径上。临界性允许各个复杂部分间的快速转换，而不受到任何干扰。记忆被编码为一个河床网络，在相应的外部刺激下等待着被填满。

　　通过对物理世界的感悟而得到的现实与个体之间的反馈，决定了大脑的内部连接结构。

第十一章　经济和交通阻塞

到目前为止，我们已经从天体物理讨论到了地球物理，又从地球物理聊到了生物和大脑。现在我们进入关于复杂系统的另一个层次：自然科学和社会科学的交叉。人与人之间有着广泛的交流。有没有可能人类社会的动力学是自组织临界的？毕竟，人类行为是生物学的一个分支，基于这一点又何须引进不同的规律和机制呢？这儿要介绍两种特别的人类活动，也就是经济和交通。也许这两种现象比其他人类活动要简单，至少这些活动可以根据价格、数量和速度来进行量化和度量。这可能就是经济学作为独立于其他社会科学的一门学科存在的原因吧。

均衡经济像水

经济学的传统均衡理论与对水库间水流的描述是类似的。大量货物和服务平稳地从一个代理商转向另一个代理商，直到这些货物进一步的流动或贸易不会再让任何一个贸易伙伴继续获利。经济上的一个小的变动，例如利率的改变，就会导致因为调节不平衡而产生的小的流动。

　　举个具体的例子，假如有两个代理商，每个人都有一些苹果和橘子。其中一个人苹果很少但橘子很多，另一个人苹果很多但橘子很少。由于拥有过多的苹果或者橘子都不是理想的情况，所以他们拿出一部分苹果和橘子来交易。在交易之前，橘子对拥有较少橘子的代理商来说比对拥有较多橘子的代理商来说要值钱一些。他们进行了精确数量的交易，使得对任何一个代理商来说，苹果和橘子的价值完全一致，这使得进一步的交易变得不再可能。这意味着继续交易并不能让任何人获利。代理商是完全理性的，因而他们两个都知道要买卖多少苹果，以及交易率应当是多少。他们的行为是可以被预测的。在我们的水流比喻中，两个相互连通的容器中的水会从一个容器流向另一个容器，直到两个容器的水平面一样高。

　　在均衡系统中，一切都是平稳线性地叠加起来的。推广到多个代理商没多大意义；那只不过对应于把更多的盛水容器连在一块儿。加几滴水对水平面的影响和加入的水滴数成正比。不必考虑单个水滴。在物理上，我们把这种只考虑一个全局宏观变量（如上述的水平面）的处理方法称为"平均场近似"。传统的经济理论是平均场理论，因为这些理论分析的都是宏观变量，如国民生产总值（GNP）、失业率和利率。经济学家给出了被认为与这些变量有关的数学方程。在这种方法下，个体的行为差异被平均化了。由于代理商都是完全理性的，他们的行为也是唯一并被完全定义的，因此任何历史的偶然事件都不会改变均衡状态。平均场理论在处理物理中的极端有序系统或极端无序系统时取得了一定成功。然而，在处理位于临界态或邻近临界态的系统时它们完全失败了。不幸的是，有许多迹象表明经济系统实际上是临界的。

传统经济学并没有对现实世界中实际发生的事情进行描述。没有股市垮台，也没有大的波动。在完美理性系统中，偶然性没有一席之地，因为在那样的系统中一切都是可预测的。

均衡经济学甚至不能用来描述现实中代理商买卖苹果和橘子这类简单的例子。实际双方都不知道对其他代理商来说苹果和橘子值多少钱。当拿苹果来卖的时候，他可能卖得太便宜了或要价太高了，以至于永远无法达到一个适当的平衡。最后他们可能会剩下很多苹果。现实中的代理商并非很有头脑。在与传统经济学家的讨论中，我常常争辩说，他们的经济学理论应该也考虑到我这样的人，就像他们一直言之凿凿的那样，我就不是一个那么明智的人。

抱着简单的均衡理论框架不放的原因可能起源于这样一个事实，很久以前的经济学家相信他们的领域应当和物理一样，是"科学的"，即意味着一切均是可预测的。多么可笑！在物理上，细节上的可预测性很久以前就没有多大价值了，而且已作为一个毫不相关的概念给遗弃了。经济学家们是在模仿一门他们并不明白其特性的科学。

完全理性使得事物美好且可预测。没有这个概念，你如何能刻画代理商中的不内行的程度，那么你又如何能预测所有的事情？在我第一次访问圣菲期间，我就遇到了不肯放弃完全理性观点的顽固思想。在科由特咖啡馆进午餐的时候，来了很多正在研究所访问的科学家，包括站在最前沿、最有才华的经典经济学家之一的米歇尔·博尔德林，当着众人的面我讨论了"完全理性概念"的谬误之处。那个时候，博尔德林对我的所有观点不住点头，并连称"是，是，是"。一直到我们走回研究所的时候，我们还在继续讨论这些。然而，正当我们拐进庭院的时候，米歇尔总结道："我还是更喜欢'完全理性概念'。"

实际经济像沙

但是，经济像沙，而不像水。像沙粒一样，决策是离散的，而不是像水平面一样是连续的。实际经济中有阻力，就像在沙中一样。当苹果或橘子的市场价很低时，我们不会马上就着急地去登广告和把苹果运到市场去卖。处理股票买卖时，我们只会在某个阈价达到时，进行股票的买进和卖出，其他时刻保持观望，这与地壳在某个表面压力超过阈值前保持稳定的情形是一样的。我们不会根据市场的波动连续地调整所持的股票。在通过计算机操控的交易中，这种阈值动力学已被明确地编码到了我们的决策模式中。我们的决策是有黏性的。这种阻力阻止了平衡的到达，正如沙的摩擦会阻止沙堆从塌陷到平缓态一样。这完全改变了经济波动的性质和幅度。

当要讨论市场波动问题的时候，经济学家就会闭上眼睛，摊开双手表示无能为力，因为在均衡理论中任何大的波动都是不存在的。"解释股市为什么上升或下跌是用来消遣的，"克劳迪娅·戈尔丁，一名哈佛的经济学家这样说道。如果真是这样，人们可能会问，经济学家在解释什么呢？

  不同的经济主体遵循他们自身的、看起来随机的、特殊的行为。尽管有这种随机性，简单的统计模式的确存在于市场和价格的行为中。早在 20 世纪 60 年代，也就是发现自然界分形模式的几年前，本华·曼德博就分析了棉花和钢材及其他商品价格波动的数据。曼德博为棉花价格的月波动作了一个直方图。他统计了有多少个月份波动为 0.1%（或 −0.1%），有多少个月份波动为 1%，有多少个月份波动为 10%，等等（图 3，第 17 页）。他发现价格波动有一个"列维分布"。列维分布的重要特性就是，大事件的分布对应于幂律分布的尾部，正如描述地震的古登堡－里克特定律一样。他的发现没引起经济学家的多大注意，或许是因为经济学家对于他所说的一切完全不懂。

  传统上，经济学家会忽略这种巨大的波动，将其视为"非典型的"，因此不属于一般经济学的理论范畴。每个事件都有历史记录，接下来又从资料库中被删去。一次崩溃会被认为是由电脑交易的引进而造成的，另一次崩溃会被认为是由过度借钱购进股票而引起的。他们还会"砍掉"或"剔除"数据，删去那些市场上长时期的增长或下跌。最终，他们会得到一个只有小波动的样本，但这样做毫无意义。数据中大的波动被像做外科手术一样去掉，这等同于把婴儿连同洗澡水都倒掉。大事件和小事件都遵从相同规律的事实表明，所有尺度上有一个共同机制——正如地震中和生物中一样。

  一个通用的经济学模型应当是什么样的呢？也许看起来和第八章中所描述的生物演化的间断平衡模型非常像。在这个模型中，经济主体（消费者、制造商、政府、小偷及经济学家等）相互作用，每个经济主体都有一组有限的可用选项。他利用自己的选择，试图增加自己的幸福感（经济学家称之为"效用函数"，这听起来更加科学），正如生物物种通过变异提高它的适应性一样。个体行为将影响经济系统中的其他经济主体，他们将调整自己的选择以适应新的环境。经济系统中最弱的经济主体会被淘汰并被其他经济主体所取代，或者这些最弱的经济主体会修改自身的策略，比如仿效那些更成功的经济主体的选择。

这一普适的理论框架还未形成。然而，我们已构建出一个简化了的玩具模型，它能让我们得以一窥一个真正具有互动性的完整经济理论如何运作。

临界经济的一个简单模型

1988年，当我在圣菲研究所作完介绍性的报告几天后，芝加哥大学的迈克尔·伍特福德和荷西·沙因克曼走进了我在研究所的办公室，并且想和我讨论一个沙堆类型的经济模型。迈克尔是一名传统学派的经济学家，很聪明也很保守，而荷西则早已试图将混沌理论的思想应用到经济学中。他们在黑板上简要叙述了他们的想法，这勾起了我浓厚的兴趣。

他们的想法是要构建一个由消费者和制造商组成的简化网络，这促成了一次尽管过程相当痛苦但又非常富有成效的合作，这也反映了物理学和经济学完全不同的研究模式。

理论经济学家只喜欢处理那些能用纸和笔就可以解出来的

数学模型。我常常发现这相当讽刺。虽然物理学是一门比经济学要简单得多的科学，但是很少情况下我们能从数学意义上来"解决"问题。甚至世界上最为复杂的数学理论也不足以严格处理物理学中的许多问题。有时我们运用数值模拟，有时我们利用近似理论。当然，这些近似方法中的个别操作甚至会让纯数学家感到震惊。然而，尽管有时这些方法依赖于纯直觉，但它们实际工作的效果不错，并能给相关的物理问题一些启示。物理学家总是不管不顾地直接用这些数学上的小聪明，数学家跟在后面想要验证这样做的正确性。等到数学家终于计算出来了，他们往往只能大喊："没想到你这么做是对的！"

在我看来，经济学所研究的对象属于复杂系统，故而其并不需要由精确的数学模型来解决问题。事实上，我们提出的模型，尽管简单，也仍然无法从纯数学的角度解决。我返回了布鲁克海文，在那里，陈侃，也就是和我一起进行生命游戏模拟的助研，对模型进行了数值模拟。的确，模型是临界的，而且伴随各种崩塌。然而，迈克尔对于用数值模拟的分析方法十分不满，于是陈侃和我继续研究这个问题，直到我们真的找到一个能用数学分析又不失掉科学要素的模型（图43），使每个人都感到满意。

这是一个制造商网络，每个制造商从两个卖主那儿购进原料，制造他们自己的产品，再把这些产品卖给两名顾客。制造商可以从拥有任意数量的存货开始这个过程，也可以从一无所有时开始。这没有区别。在每个时期的开始，比如每周初，制造商从每个顾客那里收到1份订单，或0份订单。如果他们有足够数量的存货，他们就直接把货交给顾客；如果没有的话，他们就给他们的两个

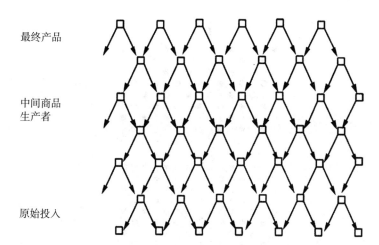

最终产品

中间商品
生产者

原始投入

图43 相互作用的制造商模型。每个制造商从上一行的两个顾客那里收到订单。如果他没有足够的存货，他就给下一行的两个卖主发送订单，从每个卖主那里进1份货，再制造出2份他自己的产品，再把订单上的货送出去。如果在交易后他还剩了1份货，他把货存起来以待下一次交易。这个过程从图上顶部的顾客需求开始。（巴克等，1993）

卖主送订单，从每个卖主那里接受1份货，并把这2份货制成产品交给顾客。如果这些交易完了之后还剩下1份货，他们就把它存起来，到下星期再出售。因而在售货给顾客和从卖主那儿进货的过程中，每个制造商都扮演了双重角色。这个过程从网络的最上层开始，其代表了顾客；在最底层结束，其代表了原料制造商。

首先，我们考虑这样一种情形，每周只有一个顾客需要货物，以此来刺激经济。这种初始需求会在网络中产生"消滴效应"。图44显示了一个典型的网络状态，每个制造商用上一周完成交易后还剩的存货数来表示当前状态。一个空心圆表示0份货，一个实心圆表示1份货。从图44（a）可看到表示本周顾客需求的箭头所指向的第一个卖主没有存货，他得从他的卖主那儿进2份货，卖1份给顾客，剩1份留到下周交易。然而，从图上

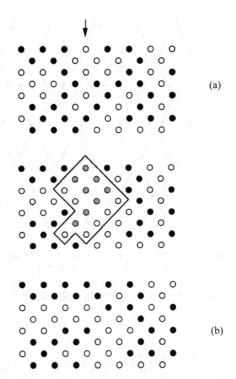

图 44 箭头所处的位置上由一个需求所引发的崩塌发生前的网络（a）以及发生后的网络（b）。箭头表明那些有 1 份存货的代理商。灰点代表那些为满足要求而必须生产的代理商。被围起来的区域表明了崩塌的大小。（巴克等，1993）

可以看到，他的卖主实际上也没有所要的存货，也不得不往下面的卖主送订单。经过系列的订单传递后，这种交易的崩塌现象停止了。图 44 显示了崩塌的程度，以及本周末卖主的存货数。由此可见，小的需求刺激也能导致大的经济活动（崩塌）。事件对 GNP 的贡献就是崩塌的面积，也就是整个崩塌过程中所制造的商品总数。

我们能解这个模型，是因为我们能把它和另一个模型联系起来，这个模型就是以前巴贝塔塔研究所的迪帕克·达尔和拉马克里斯纳·拉马瓦斯米从沙堆角度解释过的模型。这个模型是有方向性的，从某种意义上说信息只向下传递，而不向上传递。达尔和拉马瓦斯米证明崩塌服从一个幂律分布，$N(s)=s^{-\tau}$，指数 τ 为 $\frac{4}{3}$。

从幂律到曼德博所观察到的列维定律，所要考虑的是这样一种情形，每周有多个顾客，而不是一个，并且每个顾客都对模型第一层的最终产品有需求。每个需求将导致一个崩塌，因此每天都有不同大小的崩塌发生。可以严格证明，当顾客很多时，整个活动大小服从列维分布。我能通过一个简单的数学计算证明这一点，它可以满足任何物理学家对严谨性的要求。然而，我的那些苛刻的合作者还不满意我的方法，一点都不让步，直到他们在一本数学教科书上找到了一个公式证明"多个服从幂律分布的变量之和属于一个列维分布"才肯罢休。

波动和灾难不可避免

我们的结论是，经济中观察到的大波动表明，经济运作在自组织临界状态下，一点轻微的冲击都能导致各种规模的崩塌，就像地震一样。波动是不可避免的。通过利率调控或者其他的方法都是不可能稳定经济和去除波动的。最终，一些不同的、非常意想不到的东西将打破任何精心构建的平衡，系统中的某处将出现重大崩塌。

和我们的临界经济不同的是，由一些独立的小冲击所驱使的均衡经济会出现小得多的波动。那些波动由一个高斯曲线给出，这个曲线常被称为"钟形曲线"，其尾部可以忽略不计。在均衡经济中出现大崩塌和灾难的概率几乎为 0。

尽管经济学家没有理解经济中的大波动，但是这些波动是确实存在的。卡尔·马克思把雇佣、价格以及产品中的波动视为腐朽资本主义社会的一个象征。在他看来，资本主义社会经历了一个又一个危机。而中央集权的经济将消除危机，使每个人或至少工人阶级受益。马克思认为一个大崩塌，也就是一场革命，是产生质变的唯一方式。

艾伦·格林斯潘，美国联邦储备局主席，通过操控利率来避免通货膨胀 —— 即使考虑到有经济放慢的可能性。格林斯潘和马克思的共同观点就是，波动是不好的，在一个健康的经济中应当予以避免。

如果经济的确自组织运行到了临界状态，那么它甚至原则上都不可能抑制波动。当然，如果一切事情都由中央决定的，波动是可以被压制；在沙堆模型中，我们能精心修建沙堆使之处于所有高度都在其最大值，即 $Z=3$ 的位置；然而，计算和决策的数量将是一个天文数字，这不可能完成。而且更为重要的是，就算真正造出了这种最陡的沙堆，任意处的一个极小的冲撞也会导致一个巨大的塌陷。但或许，正如我们接下来将在不同背景下讨论的那样，经济中最有效的状态是具有各种规模波动的状态。

交通阻塞

从更广泛的角度来看，经济学研究的是关于人类交换商品和服务的这类交互行为的问题。在现实世界中，每个代理商的选择有限，处理可用信息的能力也有限，他具有"受到限制的理性"。从某种意义上来说，单个代理商的情形很像在拥挤的高速公路上开车的一名司机。他的最大速度由他前面的汽车所限制（或许警察也会限制他）；他与前面的车的距离由他刹车的能力所限制。由于他的车的机械性能及路面的颠簸程度，他还会经历随机的震动。

德国杜伊斯堡大学的凯·内格尔和迈克·斯奇里肯堡为单车道高速公路上交通状况构建了一个简单的元胞自动机模型。汽车行进的速度为 0，1，2，3，4 或 5。这个速度定义了每辆汽车在下个时间步长中会移动多少个"汽车长度"。如果汽车开得太快，它就必须减速以避免一场碰撞。一有机会，被前面的车挡住而被迫减速的车就会再加速。加速的能力要比刹车的能力差，也就是说，从 0 加速到 5，比从 5 减速到 0 要花费更多时间。依据路上的汽车总数，可能有两种情形。如果汽车不多，汽车就能顺畅地行驶，因而交通阻塞程度很小。如果汽车密度过高，就会十分阻塞。

凯·内格尔几年前拜访过我们，当时他还是德国的一名研究生。凯曾开展过气象学上的一个理论研究，他认为分形云层的形成是一个自组织临界过程。玛雅·帕祖斯基和凯思考一场大拥堵后的交通状况。例如，长岛高速公路，它环绕着长岛，起点是皇后中城隧道，终点是曼哈顿。他们找到了一个理论，可以描述高峰时期从隧道出来的交通，高速公路上挤满了数量难以想象的汽车。居住在长岛上的每一个人都熟悉那种发生在高速公路上的巨大交通阻塞，那曾被称为"世界上最大的停车段"。

图 45 显示了计算机所模拟的交通阻塞。水平轴是高速公路，竖直轴是时间。时间沿着向下的方向推移。汽车用黑点表示。汽

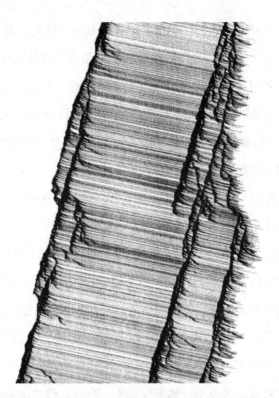

图 45 计算机模拟出的交通阻塞。水平直线表示一条高速公路。汽车用黑点表示。时间朝着向下的方向推移。点形成了单辆车的轨迹，看起来是一条条线。汽车密度很高的深色区域表明了交通阻塞。这个模式是由左边的阻塞以最大速率把车往高速公路上塞而建立起来的。右边突然出现的阻塞是由右上角的一辆车减速造成的。（内格尔和帕祖斯基，1995）

车从左边一个看不见的巨大阻塞中出发，并向右边移动。这张图使我们可以从时间和空间上了解交通的规律。在每个时间步长中，每辆车都向右移动了一段大小等于车速的距离。交通阻塞表现为密集的深色区域，在那里车与车之间隔得很近。此外，由于车速较低，车辆在上下两条连续水平线之间的位置只会略有变化。

交通阻塞的出现竟可以没有任何原因！它们是"仿真的"交通阻塞。一辆车从 5 到 4 的一个小的随机减速就足以引起交通阻塞。我们以前曾遇到过相同的情形：地震、生物演化、河流形成，以及股市崩溃。一个灾难性的触发事件（如一场交通事故）并不必要。我们认为大事件来自大冲击的自然直觉被违背了。为阻塞寻找特定的原因将毫无意义。

阻塞是分形的，大阻塞里永远包含小的准阻塞。这代表了我们所熟悉的阻塞路上让人恼怒的停停走走的驾车方式。在图上，可以跟踪单辆车并观察其停停走走的行为。

交通阻塞向后移动，而非向前移动，这一点可从图上看出。为便于比较，一个类似的、关于德国一条实际高速公路上的交通状况也显示在图 46 中。这幅图像是根据这条公路每隔一段时间拍摄的照片制作而成的。注意，其整体特征与计算机模拟是相同

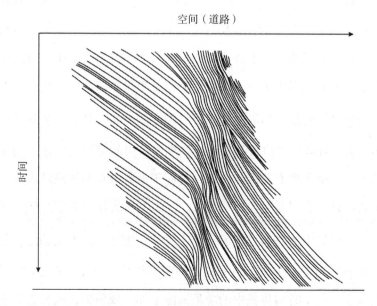

空间（道路）

时间

图 46 德国的特雷特尔（Treiterer）高速公路上的交通阻塞的航拍照片。这个图与图 45 中用数值模拟得出的图形是类似的，每条直线代表了汽车的运动。

的，包括阻塞的后移。最终，阻塞消失了。经过大量的计算机模拟，可计算出不同的交通阻塞数。当然（你已猜到了）他们发现了一个幂律分布。幂律的指数表现得与$\frac{3}{2}$较接近。这喻示着这个现象的一个优美但简单的理论——"随机游走理论"。

每个阻塞都从图形顶部的随机成核点开始。在每个时间步长中，阻塞的程度可以以一定的概率增加，也可以以相同的概率减少。这是一个五五开的情形，使得这个过程处于临界状态。这个过程可以用数学方法进行求解，并得到一个幂律分布，其指数正好是前面模拟得到的 1.5。以前我们曾遇到过自组织临界系统的随机游走图像，那是在第九章，当时是从随机近邻演化模型角度考虑的。

高速公路交通是$\frac{1}{f}$噪声的一个经典例子。20多年以前，武者和樋口测量了日本加来（Kanai）高速公路上的交通流量与时间的关系，他们站在位于高速路之上的桥上，测量桥下所经过的车辆数。他们观察到了一条曲线，类似于类星体的光谱曲线。当测量功率谱的时候，他们发现了所有频率的分量，具有著名的$\frac{1}{f}$分布。凯·内格尔和帕祖斯基对计算机模拟出的交通数据作了同样的测量。站在桥上并跟踪交通，对应于沿着垂直的线测量黑点的模式。这个信号是一个"魔梯"，正如生物演化模型中一样。在计算机模拟中他们还发现了一个$\frac{1}{f^a}$噪声（图47）。不仅如此，他们还能证明在一个级联机制的交通阻塞模型中 $a=1$。在这个级联机制中，每个时间步长中的准阻塞能增加，或消失，或分支成更多的阻塞。这一次，我们在一个真实描述现实的模型系统中，对

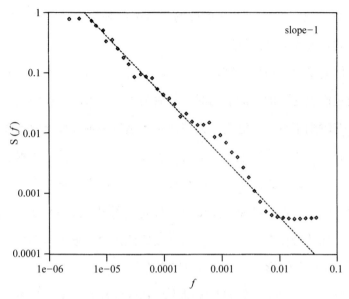

图 47 交通阻塞的功率谱（内格尔和帕祖斯基，1995）

于难以琢磨的 $\frac{1}{f}$ 噪声有了一个准确、全面的理解。$\frac{1}{f}$ 噪声归因于自组织临界系统中的无标度的崩塌，这一点对我们研究过的其他现象也是成立的。在交通中，$\frac{1}{f}$ 噪声是交通阻塞中令人恼怒的、不可预测的停停走走行为的一个数学描述。

凯·内格尔和帕祖斯基研究了只有罕见的随机波动才会引发交通阻塞的情况。非常有趣的是，他们指出先进的技术，例如巡航控制或者雷达导航系统的应用，会有减小最大速度附近波动的趋势，进而也就增加了他们结论的合理程度。这些流控制技术的一个无意识的结果就是，如果它们起作用，它们实际上会把交通系统推向其潜在的临界点，进而使得预测、计划、控制变得更加困难，这与最初的意图形成了鲜明的对比。注意，这是和企图调控经济（或沙堆）的做法类似的。自组织临界性是一个自然法则，对它来说不存在免除。

他们给出了最后的结论。交通阻塞是一个讨厌的事物，尤其是当我们缺乏预测它的能力时。有时为了一个大阻塞我们被迫减速，有时则不然。可能会有人猜测是不是有一种处理交通阻塞的更有效的办法，实际上不可能有。临界态，即有各种阻塞程度的态，是最有效的态。系统自组织到汽车流量最高的临界态。如果密度稍微低一点，高速公路就没有被完全利用，如果密度稍微高一点，那就会存在一个永久的、巨大的拥挤，把很多车都吸进去了。在这两种情形下，汽车流量都会降低。

更确切地说，临界态是能动态地达到的最有效率的状态。一个仔细设计好的态，其中所有的车都以 5 的速度进行，会有较高的车流量，但是它也是灾难性的不稳固。所有的汽车还来不及组织，而这个非常有效的态就已崩塌了。

这在总体上为运用到经济中的想法提供了一些养分。也许格林斯潘和马克思是错的。经济上最坚实的态应该是资本主义经济中的非中央集权的自组织临界态，波动有各种大小，而且持续时间长短不一。价格和经济活动中的波动可能是一个令人讨厌的事物（尤其是当它发生在你自己身上），但那是我们能做得最好的了！

具有各种波动的自组织临界态可能不是最好的态，但它是动力学上能获得的最好态。

参考文献

第一章

Benton, M. J. ed. *The Fossil Record 2*. London: Chapman and Hall, 1993.

Dawkins, R. *The Blind Watchmaker*. New York: Penguin, 1988.

Feder, J. *Fractals*. New York: Plenum, 1988.

Feigenbaum, M. J. Quantitative Universality for a Class of Nonlinear Transformations. *Journal of Statistical Physics* 19 (1978) 25.

Gleick, J. *Chaos*. New York: Viking, 1987.

Gould, Stephen Jay. *Wonderful Life*. New York: Norton, 1989.

—— and Eldridge, N. Punctuated Equilibrium: The Tempo and Mode of Evolution Reconsidered. *Paleobiology* 3 (1977) 114.

Gutenberg, B. and Richter, C. F. *Seismicity of the Earth*. Princeton, NJ: Princeton University Press, 1949.

Johnston, A. C. and Nava, S. Recurrence Rates and Probability Estimates for the New Madrid Seismic Zone. *Journal of Geophysical Research* 90 (1985) 6737.

Mandelbrot, B. The Variation of Certain Speculative Prices. *Journal of Business of the University of Chicago* 36 (1963) 307.

——. The Variation of Some Other Speculative Prices. *Journal of Business of the University of Chicago* 37 (1964) 393.

——. How Long is the Coast of Britain? *Science* 156 (1967) 637.

——. *The Fractal Geometry of Nature*. New York: Freeman, 1983.

Officer, C. and Page, J. *Tales of the Earth. Paroxysms and Perturbations of the Blue Planet*. Oxford, New York: Oxford University Press, 1993.

Press, W. H. Flicker Noise in Astronomy and Elsewhere. *Comments on Astrophysics* 7 (1978) 103.

Prigogine, I. *From Being to Becoming*. San Francisco: Freeman, 1980.

Raup, D. M. Biological Extinction in Earth History. *Science* 231 (1986) 1528.

——. *Extinction: Bad Genes or Bad Luck*. New York: Norton, 1991.

Raup, D. M. and Sepkoski, J. J. Periodicity of Extinctions in the Geological Past. *Proceedings of the National Academy of Science, USA* 81 (1984) 801.

Ruderman, D. L. The Statistics of Natural Images. *Network: Computation in Neural Systems* 5 (1994) 517.

Schroeder, M. *Fractals, Chaos, Power Laws.* New York: Freeman, 1991.

Sepkoski, J. J. Jr. Ten Years in the Library: New Data Confirm Paleontological Patterns. *Paleobiology* 19 (1993) 43.

———. *Mass Extinction Processes: Periodicity.* In: Briggs, D. E. G. and Crowther, P. R., eds. *Paleobiology.* Oxford: Blackwell, 1992:171.

Zipf, George Kingsley. *Human Behavior and the Principle of Least Effort.* Cambridge MA: Addison-Wesley, 1949.

第二章

Bak, P., Tang, C. and Wiesenfeld, K. Self-Organized Criticality. An Explanation of $1/f$ Noise. *Physical Review Letters* 59 (1987) 381.

———. Self-Organized Criticality. *Physical Review A* 38 (1988) 364.

第三章

Bak, P. and Chen, K. Self-Organized Criticality. *Scientific American* 264, Janurary (1991) 46.

Bak, P. and Creutz, M. Fractals and Self-Organized Criticality. In: *Fractals and Disordered Systems 2.* Bunde, A. and Havlin, S., eds. Berlin, Heidelberg: Springer, 1993.

Bak, P. and Paczuski, M. Why Nature Is Complex. *Physics World* 6 (1993) 39.

———. Complexity, Contingency, and Criticality. *Proceedings of the National Academy of Science, USA* 92 (1995) 6689.

Chhabra, A. B., Feigenbaum, M. J., Kadanoff, L. P., Kolan, A. J., and Procaccia, I. Sandpiles, Avalanches, and the Statistical Mechanics of Non-equilibrium Stationary States. *Physical Review E* 47 (1993) 3099.

Christensen, K., Fogedby, H. C., and Jensen, H. J. Dynamical and Spatial Aspects of Sandpile Cellular Automata. *Journal of Statistical Physics* 63 (1991) 653.

Dhar, D. Self-Organized Critical State of Sandpile Automata Models. *Physical Review Letters* 64 (1990) 1613.

Gore, A. *Earth in the Balance.* Boston: Houghton Mifflin, 1992.

第四章

Bretz, M., Cunningham, J. B., Kurczynsky, P. L. and Nori, F. Imaging of Avalanches in Granular Materials. *Physical Review Letters* 69 (1992) 2431.

Frette, Vidar, Christensen, Kim, Malthe-Sørenssen, Anders, Feder, Jens, Jøssang, Torstein, and Meakin, Paul. Avalanche Dynamics in a Pile of Rice. *Nature* 379 (1995) 49.

Held, G. A., Solina, D. H., Keane, D. T., Haag, W. J., Horn, P. M., and Grinstein, G. Experimental Study of Critical Mass Fluctuations in an Evolving Sandpile. *Physical Review Letters* 65 (1990) 1120.

Jaeger, H. M., Liu, C., and Nagel S. R. Relaxation of the Angle of Repos. *Physical Review Letters* 62 (1989) 40.

Jaeger, H. M. and Nagel, S. R. Physics of the Grandular State. *Science* 255 (1992) 1523.

Noever, D. A. Himalayan Sandpiles. *Physical Review E* 47 (1993) 724.

Rigon, R., Rinaldo, A., and Rodriguez-Iturbe, I. On Landscape Selforganization. *Journal of Geophysical Research* 99 (1994) 11971.

Rinaldo, A., Maritan, A., Colaiori, F., Flammini, A., Rigon, R., Ignacio, I., Rodriguez-Iturbe, I., and Banavan, J. R. Thermodynamics of Fractal River Networks, *Physical Review Letters* 76, 3364 (1996).

Rothman, Daniel H., Grotzinger, John P., and Flemings, Peter. Scaling in Turbidite Deposition. *Journal of Sedimentary Research A* 64 (1994) 59.

Somfai, E., Czirok, A., and Vicsek, T. Self-Affine Roughening in a Model Experiment on Erosion in Geomorphology. *Journal of Physics A* 205 (1994) 355.

———. Power-Law Distribution of Landslides in an Experiment on the Erosion of a Granular Pile. *Journal of Physics A* 27 (1994) L757.

Turcotte, D. L. *Fractals and Chaos in Geology and Geophysics.* Cambridge, England: Cambridge University Press, 1992.

Yam, Philip. Branching Out. *Scientific American* 271, November (1994) 26.

第五章

Bak, P. and Chen, K. *Fractal Dynamics of Earthquakes* In: Barton, C. C. and Lapointe, P. R., eds. *Fractals in the Earth Sciences.* New York: Plenum, 1994.

Bak, P. and Tang, C. Earthquakes as a Self-Organized Critical Phenomenon. *Journal of Geophysical Research* B94 (1989) 15635.

Burridge, R. and Knopoff, L. *Bulletin of the Seismological Society of America* 57 (1967) 341.

Carlson, J. M. and Langer, J. S. Physics of Earthquakes Generated by Fault Dynamics. *Physical Review Letters* 62 (1989) 2632; *Physical Review A* 40 (1989) 6470.

Chen, K., Bak, P., and Obukhov, S. P. Self-Organized Criticality in a Crack Propagation Model of Earthquakes. *Physical Review A* 43 (1990) 625.

Dennis, B. R. *Solar Physics* 100 (1985) 65.

Diodati, P., Marchesoni, F., and Piazza, S. Acoustic Emission from Volcanic Rocks: An Example of Self-organized Criticality. *Physical Review Letters* 67 (1991) 2239.

Garcia-Pelayo, R. and Morley, P.D. Scaling Law for Pulsar Glitches. *Europhys. Lett.* 23 (1993) 185.

Ito, K. and Matsuzaki, M. Earthquakes as Self-Organized Critical Phenomena. *Journal of Geophysical Research* B 95 (1990) 6853.

Lu, E. T. and Hamilton, R. J. Avalanches and the Distribution of Solar Flares. *Astrophysical Journal* 380 (1991) L89.

Lu, E. T., Hamilton, R. J., McTiernan, J. M., and Bromund, K. R. Solar Flares and Avalanches in Driven Dissipative Systems. *Astrophysical Journal* 412 (1993) 841.

Luongo, G., Mazzarella, A., and Palumbo, A. On the Self-Organized Critical State of Vesuvio Volcano. *Journal of Volcanology and Geothermal Research* 70, (1996) 67.

Mineshige, S., Takeuchi, M., and Nishimori, H. Is a Black-Hole Accretion Disc in a Self-Organized Critical State? *Astrophysical Journal* 435 (1994) L125.

Morley, P.D. and Smith, I. Platelet Model of Pulsar Glitches. *Europhysics Letters* 33 (1996) 105.

Olami, Z., Feder, H. J., and Christensen, K. Self-Organized Criticality in a Continuous, Nonconservative Cellular Automaton Modeling Earthquakes. *Physical Review Letters* 68 (1992) 1244.

Sornette, A. and Sornette, D. Self-Organized Criticality and Earthquakes. *Europhysics Letters* 9 (1989) 197.

Vieira, M. de Sousa. Self-Organized Criticality in a Deterministic Mechanical Model. *Physical Review A* 46 (1992) 6288.

第六章

Alstrom, P., and Leao, J. Self-Organized Criticality in the Game of Life. *Physical Review E* 49 (1994) R2507.

Bak, P., Chen, K., and Creutz, M. Self-Organized Criticality in the Game of Life. *Nature* 342 (1989) 780.

Berlekamp, E., Conway, J., and Guy, R. *Winning Ways for Your Mathematical Plays*, vol. 2. New York: Academic, 1982.

Gardner, M. Mathematical Games. The Fantastical Combinations of John Conroy's New Solitaire Game "Life." *Scientific American* 223 (4) (1970) 120; (5) (1970) 114; 118 (6) (1970) 114.

Hemmingsen, J. Consistent Results on Life. *Physica D* 80, (1995) 80.

第七章

Bak, P., Flyvbjerg, H., and Lautrup, B. Coevolution in a Rugged Fitness Landscape. *Physical Review A* 46 (1992) 6714.

Fisher, R. A. *The Genetical Theory of Natural Selection.* Oxford: Oxford University Press, 1932.

Kauffman, S. A. *The Origins of Order.* New York, Oxford: Oxford University Press, 1993.

Kauffman, S. A. and Johnsen, S. Coevolution to the Edge of Chaos—Coupled Fitness Landscapes, Poised States, and Coevolutionary Avalanches. *Journal of Theoretical Biology* 149 (1991) 467.

Smith, J. Maynard. *The Theory of Evolution.* Cambridge, Cambridge University Press, 1993.

Wright, S. Macroevolution—Shifting Balance Theory. *Evolution* 36 (1982) 427.

第八章

Adami, C. Self-Organized Criticality in Living Systems. *Physical Letters A* 203 (1995) 29.

Alvarez, L. W., Alvarez, W., Asaro, F., and Michel, H. V. Extra Terrestrial Causes for the Cretaceous/Tertiary Extinctions. *Science* 208 (1980) 1095.

Alvarez, W. and Asaro, F. What Caused the Mass Extinction: an Extraterrestrial Impact. *Scientific American* 263 (1990) 76.

Bak, P., Flyvbjerg, H., and Sneppen, K. Can We Model Darwin? *New Scientist* 12 (1994) 36.

Bak, P. and Sneppen, K. Punctuated Equilibrium and Criticality in a Simple Model of Evolution. *Physical Review Letters* 24 (1993) 4083.

Collar, J. I. Biological Effects of Stellar Collapse Neutrinos. *Phys. Rev. Lett.* 76 (1996) 999.

Darwin, C. *The Origin of Species by Means of Natural Selection.* 6th ed. London: Appleton, 1910.

Kellogg, D. E. The Role of Phyletic Change in the Evolution of Pseudocubus—Vema Radiolaria. *Paleobiology* 1 (1975) 359.

Newman, M. E. J. and Roberts, B. W. Mass-Extinction: Evolution and the Effects of External Influences on Unfit Species. *Proceedings of the Royal Society B* 260 (1995) 31.

Paczuski, M., Maslov, S., and Bak, P. Avalanche Dynamics in Evolution, Growth, and Depinning Models. *Physical Review E* 53 (1995) 414.

Raup, D. M. and Sepkoski, J. J. Jr. Periodicity of Extinctions in the Geological Past. *Proceedings of the National Academy of Science, USA* 81 (1984) 801.

Sneppen, K., Bak, P., Flyvbjerg, H., and Jensen, M. H. Evolution as a Self-Orga-
nized Critical Phenomenon. *Proceedings of the National Academy of Science, USA* 92
(1995) 5209.

Vandewalle, N. and Ausloos, M. Self-Organized Criticality in Phylogenetic Tree
Growths. *Journal de Physique I France* 5 (1995) 1011.

第九章

Boettcher, S. and Paczuski, M. Exact Results for Spatio-Temporal Correlations
in a Self-Organized Critical Model of Punctuated Equilibrium. *Physical Re-
view Letters* 76 (1996) 348.

Deboer, J., Derrida, B., Flyvbjerg, H., Jackson, A., and Wettig, T. Simple Model of
Self-Organized Biological Evolution. *Physical Review Letters* 73 (1994) 906.

Flyvbjerg, H., Sneppen, K., and Bak, P. Mean Field Theory for a Simple Model of
Evolution. *Physical Review Letters* 71 (1993) 4087.

Ito, Keisuke. Punctuated Equilibrium Model of Biological Evolution is also a Self-
Organized Critical Model of Earthquakes. *Physical Review E* 52 (1995) 3232.

Maslov, S., Paczuski, M., and Bak, P. Avalanches and $1/f$ Noise in Evolution and
Growth Models. *Physical Review Letters* 73 (1994) 2162.

Paczuski, M., Maslov, S., and Bak, P. Field Theory for a Model of Self-Organized
Criticality. *Europhysics Letters* 27 (1994) 97.

第十章

Ashby, W. R. *Design for a Brain*, 2nd ed. New York: Wiley, 1960.

Stassinopoulos, D., and Bak, P. Democratic Reinforcement. A Principle for Brain
Function. *Physical Review E* 51 (1995) 5033.

第十一章

Arthur, B. Increasing Returns, and Lock-ins by Historical Events. *The Economic
Journal* 99 (1989) 116.

———. Positive Feedbacks in the Economy. *Scientific American* 262, February
(1990) 92.

Axelrod, R. *The Evolution of Cooperation*. New York: Basic Books, 1984.

Bak, P., Chen, Kan, Scheinkman, J. A., and Woodford, M. Aggregate Fluctuations
from Independent Shocks: Self-Organized Criticality in a Model of Produc-
tion and Inventory Dynamics. *Ricerche Economiche* 47 (1993) 3.

Dhar, D. and Ramaswamy, R. Exactly Solved Model of Self-Organized Critical
Phenomena. *Physical Review Letters* 63 (1989) 1659.

Nagel, K. and Paczuski, M. Emergent Traffic Jams. *Physical Review E* 51 (1995) 2909.

Scheinkman, J. A. and Woodford, M. Self-Organized Criticality and Economics Fluctuations. *American Journal of Economics* 84 (1994) 417.

Treiterer, J. *Aereal Traffic Photos.* Technical Report PB 246 094. Columbus, OH: Ohio State University, 1994.

人名英汉对照表

Alstrøm, Preben	普里本·阿斯托姆
Alvarez	阿尔瓦兹
Anderson, Philip W.	菲利普·W.安德森
Arrow, Kenneth	肯尼思·阿罗
Arthur, Brian	布赖恩·阿瑟
Ausloos	奥斯鲁斯
Bak, Per	帕·巴克
Barton, Christopher	克里斯托芬·巴顿
Bednorz	柏诺兹
Benton, M. J.	本顿
Binnig	宾宁
Boettcher, Stefan	斯蒂芬·贝彻
Bohr, Niels	尼尔斯·玻尔
Bohr, Thomas	托马斯·玻尔
Boldrin, Michel	米歇尔·博尔德林
Bretz, Michael	迈克尔·布雷兹
Burridge, R.	伯里奇

Cantor, Georg	格奥尔格·康托
Carlsberg	卡尔斯堡
Carlson, Jean	简·卡尔森
Carroll, Lewis	刘易斯·卡罗尔
Chen, Kan	陈侃
Chhabra	查布拉
Chialvo, Dante	丹蒂·查尔沃
Christensen, Kim	金·克里斯滕森
Columbus	哥伦布
Conway, John Horton	约翰·霍顿·康威
Coppersmith, Susan	苏珊·科珀史密斯
Cowan, George A.	乔治·A.考恩
Creutz, Michael	迈克尔·克罗伊茨
Cronin, James	詹姆斯·克罗宁
Czirok, A.	A.奇罗克
Darwin, Charles	查尔斯·达尔文
Dawkins	道金斯
Dennis, B. R.	B. R. 丹尼斯
Derrida, Bernard	伯纳德·德里达
Dhar, Deepak	迪帕克·达尔
Diodati, Paolo	帕罗·迪欧达迪
Eldridge, Niles	奈尔斯·埃德里奇
Emery, Vic	维克·埃默里
Family, Fareydoon	费尔登·法米利

Grotzinger, John	约翰·格罗青格
Grüner, George	乔治·格鲁纳
Gutenberg	古登堡
Hamilton, R. J.	汉密尔顿
Heeger, Alan	艾伦·希格
Held, Glen	格伦·赫尔德
Hemmingsen, Jan	詹·海明森
Higuchi, H.	樋口英世
Holland, John	约翰·霍兰
Horgan, John	约翰·霍根
Horton	霍顿
Hurst, J.	J. 赫斯特
Ito, Keisuke	伊藤敬祐
Jack, Steinberger	杰克·施泰因贝格尔
Jaeger, Heinz	海因茨·耶格尔
Jaeger, Heinrich	海因里希·耶格尔
Jensen, Mogens Høgh	莫根斯·霍·詹森
Joessang, Torstein	托斯汀·乔桑
Johnston, Arch C.	阿奇·C.约翰斯顿
Jonson, Sonke	松克·琼森
Joyce, James	詹姆斯·乔伊斯
Kadanoff, Leo	利奥·卡达诺夫
Kagan, Yakov	雅可夫·卡根
Kardar, Mehran	默润·卡达

Meakin, Paul	保罗·米金
Mineshige	峰茂
Morley, P.	P. 莫利
Müller	缪勒
Musha, T.	武者利光
Nagel, Kai	凯·内格尔
Nagel, Sidney	悉尼·内格尔
Nava, Susan	苏珊·纳瓦
Nelson, David	戴维·尼尔森
von Neumann, John	约翰·冯·诺伊曼
Newmann	纽曼
Newton	牛顿
Nishimori	西森
Noever, David	戴维·劳艾厄
Nori, Franco	佛朗哥·诺里
Obukhov, Sergei	塞格·奥波夫
Officer, C.	C. 奥菲瑟
Olami, Zeev	兹·奥拉米
Omori	奥默瑞
Oswald, Lea Harvey	李·哈维·奥斯瓦德
Paczuski, Maya	玛雅·帕祖斯基
Page, J.	J. 佩奇
Paley, William	威廉姆·帕雷
Palmer, Richard	理查·帕尔莫

Sornette, Anne	安妮·索内特
Sornette, Didier	迪迪埃·索内特
Stassinopoulos, Dimitris	迪米特里斯·斯塔西诺普洛斯
Stauffer, Dietrich	迪特里希·施陶费尔
Steinberger, Jack	杰克·施泰因贝格尔
Takeuchi, M.	竹内
Tang, Chao	汤超
Tarantola, Albert	阿尔伯特·塔兰托拉
Ting, S. C.	丁肇中
Turcotte, Donald	唐纳德·特克特
Vandevalle, N.	范德华
Vicsek, Tamas	塔马斯·维则克
Voss, Rchard	理查德·沃斯
Wegener, Alfred	魏格纳
Wexler, Robert	罗伯特·韦克斯勒
Wiesenfeld, Elaine	伊莱恩·维森费尔德
Wiesenfeld, Kurt	库尔特·维森费尔德
Wilson	威尔逊
Wolfram, Stephen	斯蒂芬·沃尔弗拉姆
Woodford, Michael	迈克尔·伍特福德
Wright, Sewall	休厄尔·赖特
Yang, C. N.	杨振宁
Zaitsev, Sergei	谢尔盖·扎伊采夫
Zipf, George Kingsley	乔治·金斯莱·齐普夫

附录　汤超致译者信

蔡勖教授和李炜博士：

　　你们好！

　　随信附上的是我为你们的译作写的一点东西。请阅后告知是否合适，因为我好久没用中文了。如有不当的地方，我会修改。

　　很高兴你们给了我这次机会，让我为巴克教授的书在中国的出版尽一点绵薄之力。很抱歉我没能更早地做这件事，但愿现在还不算太晚。

　　祝好！

汤超

2000 年 6 月

于普林斯顿

附：

　　很高兴巴克教授的这本书在蔡勖教授和李炜博士的努力下被译成了中文，使它得以和更多的读者见面。自 1987 年我们提出自组织临界性的概念和理论，虽然已经过去了十几年，可每当我打开这本书，那些在布鲁克海文国家实验室的日日夜夜又都会浮现在我的脑海，让我怦然心动，激动不已。

在现代科学的对象由平衡系统到非平衡系统、由简单系统到复杂系统的划时代转变中，自组织临界性的理论是一种新思维、新尝试。巴克教授将这一理论及在一些领域中的应用以近乎说故事的方式深入浅出地介绍给大家，使此书的可读性极强。我希望此书能像巴克教授所期望的那样，进一步激发读者，尤其是青年朋友们对大自然的热爱、对科学的兴趣和热情。也希望读者们能从中领略到从事科学研究的极大乐趣。

译后记

　　由李炜、蔡勖翻译的丹麦科学家帕·巴克的 *How Nature Works* 中译本，在北京大学出版社的鼎力佑助下，再版发行。中文书名改为"大自然如何运作"。该书有一个副标题：关于自组织临界性的科学。

　　译完大作，浮想联翩，不禁借题演绎一波意识流的追忆雪崩。

　　似水年华，过隙白驹；见证历史，身临故事，谨献飨读者。俗话讲，无巧不成书，有缘方相逢。

　　巴克先生（Per Bak，1948—2002）是丹麦物理学家，因对复杂系统物理学的自组织临界性（SOC）新概念的贡献，闻名于世。20 世纪 90 年代末，巴克返回哥本哈根，在玻尔研究所担任理论物理学教授。玻尔研究所由丹麦物理学家尼尔斯·玻尔（Niels Bohr，1885—1962）于 20 世纪二三十年代创立，是原子物理学和量子物理学发展的国际科学中心。量子力学的哥本哈根解释，就是以该学派在此期间所做的工作命名的。蔡勖曾于 20 世纪 80 年代访问过该研究所。海边美人鱼，安徒生童话《卖火柴的小女孩》，哥本哈根让人流连忘返。那个年代，巴克却一直躲在位于纽约长岛的美国布鲁克海文国家实验室（BNL）工作。美国的 BNL，还有位于日内瓦湖畔的欧洲核子研究中心（CERN），恰好是李炜、蔡勖所属的位于武汉的"夸克与轻子物理教育部重点实验室"参与合作的国外大科学实验室。与巴克的交往，与 BNL、CERN 这些国际大科学组织的合作，均肇始于蔡勖的研究生导师刘连寿，及其与德国柏林自由大学孟大中先生的学术合作。

1980 年前后，党中央、国务院正式批准广东在改革开放中实行特殊政策、灵活措施和创办经济特区。当年 1 月，海内外学者在广州从化温泉召开了一次具有重要历史意义的粒子物理讨论会。会后，邓小平在北京会见了参会的海外华人学者。会议的开幕式由钱三强主持，周培源讲话；闭幕式由胡宁作总结报告，杨振宁、李政道、潘国驹等即席发言。潘国驹（Phua Kok Khoo）是新加坡出版家，新加坡世界科技出版集团主席兼总编缉，曾在理论物理领域师从杨振宁。2021 年 9 月，潘国驹先生荣获第十五届中华图书特殊贡献奖。

相互从未见过面的刘连寿先生（1932—2009）与德籍华裔物理学家孟大中先生（1935—2022），在参加从化会议期间第一次握手。据性格特异独行的作家、评论家、历史学家李敖（1935—2018）回忆，他在台湾大学历史系读书时，曾与同期在物理系读书的孟大中住过同一寝室。2004 年，中国友谊出版社出版的图书《李敖回忆录》的第六部分，"台大（1954—1959，十九到二十四岁）"，李敖自述："我虽然一身傲骨、自命不凡，但在待人接物上，却从无满脸骄气，我不但休休有容，并且乐于与人为善。以我对理学院物理系的好朋友孟大中为例，就见一斑。"具考孟氏后裔家谱，孟大中应是孟子的七十二代孙，属"宪"字辈。不过，孟先生却永远留着漫不经心梳理的爱因斯坦式的发型。

1982 年，孟大中邀请刘连寿、蔡勖赴柏林自由大学，开展联邦德国科研基金（DFG）的"高能诱导核反应项目"的合作研究。当时，CERN 的质子–反质子对撞成功运行，公布了许多新的实验结果。他们合作的研究课题"高能质子–反质子碰撞的三火球模型"，成功地解释了 CERN 实验中发现的一些复杂现象。时任中国科学院理论物理研究所所长的周光召先生，也参加了这项课题的研究。1984 年，在北京大学召开了 Yang-Mills 场三十年纪念会。会议期间，孟大中、刘连寿、蔡勖与北京大学高崇寿等科学家，在杨振宁先生指导下，举办了相关研究领域的高能物理多粒子研讨会。

胡宁先生（1916—1997）是刘连寿 20 世纪 60 年代前期在北京大学物理系的研究生导师，研究方向是物质结构的夸克模型。当时，我国科学家称之为"层子模型"。夸克是美国物理学家默里·盖尔曼（Murray Gell-Mann，1929—2019）根据基本粒子对称性研究于 1964 年提出的，他因此获得了诺贝尔物理学奖。

1938 年，胡宁在西南联合大学物理系毕业后留校任教，在周培源指导下从事流体力学湍流理论方面的研究。1941—1943 年，胡宁赴美国加州理工学院，先后师从西奥多·冯·卡门（Theodore von Kármán，1881—1963）和保罗·索弗斯·爱泼斯坦（Paul Sophus Epstein，1883—1966）。冯·卡门是匈牙利犹太人，1936 年入美国籍，是航空和航天领域最杰出的科学家。爱泼斯坦是俄裔美国数学物理学家，以对量子力学发展的贡献而闻名。1910 年，爱泼斯坦到德国慕尼黑，师从阿诺德·索末菲（Arnold Sommerfeld，1868—1951）。索末菲是德国理论物理学家，原子物理学和量子力学的开山鼻祖。索末菲儒雅敦淳，是维尔纳·海森堡（Werner Heisenberg，1901—1976）、沃尔夫冈·泡利（Wolfgang Pauli，1900—1958）、彼得·德拜（Peter Debye，1884—1966）、汉斯·贝特（Hans Bethe，1906—2005）的博士生导师，莱纳斯·卡尔·鲍林（Linus Carl Pauling，1901—1994）、伊西多·艾萨克·拉比（Isidor Isaac Rabi，1898—1988）、马克斯·冯·劳厄（Max von Laue，1879—1960）的博士后导师，他们相继获得诺贝尔物理学奖或化学奖。原子结构的电子绕核旋转标识，就是玻尔-索末菲原子模型。爱因斯坦对索末菲说："我特别佩服你，你一跺脚，就有那么多才华横溢的年轻物理学家从地里冒出来。"

胡宁的博士论文包含两部分，师从冯·卡门有关流体力学湍流问题的研究，以及师从爱泼斯坦有关量子力学理论的原子核尺寸势阱中电子局限问题的研究。师从冯·卡门的同门钱学森（1911—2009），已于四年前获博士学位。20 世纪 50 年代初，胡宁与钱学森先后回国效力。

组成原子核的质子、中子，因存在强相互作用，被称为强子。夸克作为强子的组分，具有一种非常奇特的性质——不能脱离强子而存在，被粒子物理学家称为"夸克禁闭"。1978 年，蔡勖在武汉的粒子物理研究所，师从刘连寿的研究生课题"强子的口袋模型"，就是对夸克禁闭性质的一种唯象研究。那时，他们已经注意到李政道先生在 20 世纪 70 年代提出的反常核物质形态，即在某种极端的环境中，夸克可能部分地解除禁闭。而这种极端环境，有可能出现在宇宙大爆炸初期，也有可能在超高能的重离子碰撞中实现。部分解除禁闭的夸克，被称为夸克物质；与传递强相互作用的胶子一道，又被称为夸克-胶子等离子体。自 80 年代初期开始，有关夸克物质的超高能重离子碰撞实验研究，在国际上逐步展开。先有 CERN 的超级质子同步加速器（SPS）和 BNL 的交变梯度同步加速器（AGS）的固定靶核实验，后来有 CERN 的大型强子对撞机（LHC）和 BNL 的相对论重离子对撞机（RHIC）的核-核对撞实验。由于孟大中的推荐和帮助，刘峰（刘连寿之子）、周代翠（蔡勖的研究生）就是在那个时候，不失时机地使中国参加到 SPS/EMU01、AGS/E815、RHIC/STAR、LHC/ALICE 等国际大科学实验合作组。鉴于孟大中先生的学术成就及其对中国科学技术进步的特别贡献，他获得了国务院授权、国家外国专家局设立的"中国政府友谊奖"和湖北省政府颁发的"编钟奖"。

20 世纪 80 年代初，参与"高能诱导核反应项目"的，还有在柏林哈恩-迈特纳研究所（Hahn-Meitner Institut，HMI）工作访问的中国原子能科学研究院（CIAE）的萨本豪先生。CIAE 创建于 1950 年，地处北京市房山，前身是中国科学院近代物理研究所，是我国核科学技术的发祥地和基础性、综合性的核科研基地。举世闻名的周口店北京人遗址、山顶洞人遗址，就在房山，是人类文明的发祥地之一。

奥托·哈恩（Otto Hahn，1879—1968）是德国放射化学家和物理学家，因发现核裂变反应获 1944 年诺贝尔化学奖。莉泽·迈特纳（Lise Meitner，1878—1968），犹太裔奥地利-瑞典原子物理学家，首先提出了理论解释核裂变反应的物理机制，曾三次获诺贝尔物理学奖提名。

由于蔡勖的推荐，萨本豪与瑞典隆德大学的 B. Anderson 教授合作，建立了描写相对论核-核碰撞的 LUCIAE 模型。之后，又发展成 JPCIAE、PACIAE 等模拟物理成果，蔡勖当年的研究生王晓荣、周代梅、程筠等先后参与了合作。萨先生出生于福州，萨氏先祖萨都剌，为元代著名诗人和画家。元顺帝至元二年（1336），萨都剌南下福建做官，自此扎根闽地。历朝历代，闽地萨氏家族人才辈出，明朝宣德礼部侍郎萨都琦，晚清军政重臣、海军主创萨镇冰，国立厦门大学校长、数理奇才萨本栋，台湾大学法学院院长萨本炎，抗日殉国烈士、中山舰舰长萨师俊。"两弹一星"功勋奖章获得者于敏先生（1926—2019）曾亲笔书写证明，萨本豪在 20 世纪 60 年代先后参加我国原子核反应堆和氢弹的设计工作，有关辐射平均自由程的研究成果，为氢弹突破做出了贡献。

蔡勖曾以"房山怀古"为题，填词【木兰花慢】一首：

> 昔人猿揖让，奉羲曜，敬炎黄。
>
> 托尧舜禹汤，继文续武，传嗣成康。
>
> 威不怒，忧不怆，却北封都蓟召公王。
>
> 孔仲不言鸿旷，孟轲恻隐端方。
>
> 秦时上谷汉良乡，万宁奉先防。

竟不用良将，黜颇赵葬，疑毅燕亡。

风流二锅藜杖，莽苍苍，一咏就一觞。

莫道英雄不让，云何渐似菰芒[1]？

　　20 世纪 80 年代中期，中国科学院高能物理研究所的赵维勤研究员获马克斯·普朗克奖学金支持，到柏林自由大学工作访问。她与孟大中、蔡勖等合作研究，提出了高能核-核碰撞的多源模型。《祖国的花朵》，中华人民共和国成立后的第一部儿童电影，赵维勤在影片中扮演了少先队中队长，一度家喻户晓。她的父亲赵忠尧，却是大多数人都十分陌生的名字。1946 年 7 月 1 日，美国在南太平洋马绍尔群岛中的比基尼岛附近海域进行了一次核爆炸试验。在美国"潘敏娜"号驱逐舰上，赵忠尧作为当时中国政府的代表，以观察员的身份，现场观看了冉冉升起的蘑菇云。

　　赵忠尧先生（1902—1998），物理学家，中国核物理研究和加速器建造事业的开拓者。1927 年，赵忠尧赴美国加州理工学院学习，师从因油滴实验精确测定电子电荷而获诺贝尔物理学奖的密立根。1929 年，赵忠尧最早发现了硬 γ 射线的"反常吸收"现象；1930 年，又发现了硬 γ 射线在异常吸收的同时，还存在"额外散辐射"。他的研究结果，以"硬 γ 射线的散射"为题的论文，当年就发表在美国《物理评论》杂志上。1931 年，赵忠尧回国在清华大学物理系任教。1936 年，为表彰正电子的发现这一重要物理结果，瑞典皇家科学院把诺贝尔物理学奖授予了 1932 年在云雾室中观测到正电子径迹的安德森（Carl David

————————

[1] 菰芒，意指核弹爆炸时的蘑菇云。

Anderson），而不是 1930 年首先发现了正负电子湮灭的赵忠尧。赵先生与反物质的发现者这一殊荣就此失之交臂。安德森后来也承认，当他的同学赵忠尧的实验结果出来的时候，他正在赵忠尧的隔壁办公室，当时他就意识到赵忠尧的实验结果已经表明存在着一种人们尚未知道的新物质，他的后续研究是受赵忠尧的启发才做的。赵忠尧是第一个观测到正反物质湮灭的人，也是物理学史上第一个发现了反物质的物理学家。许多年后，瑞典皇家科学院院士、曾任诺贝尔物理学奖委员会主席的爱克斯朋（Gösta Ekspong，1922—2017）先生，在 1997 年撰写的文章中坦诚地写道：“有一处令人不安的遗漏，在谈到有关在重靶上高能 γ 射线的反常吸收和辐射这个研究成果时，没有提到中国的物理学家赵忠尧，尽管他是最早发现硬 γ 射线反常吸收者之一，赵忠尧在世界物理学家心中是实实在在的诺贝尔奖得主！”爱克斯朋也曾任 CERN 的粒子物理实验的核乳胶实验委员会主席、CERN 科学政策委员会主席。

1986 年夏，李政道先生在 CERN 访问，巧遇时任中国科学院院长的周光召。他们商议，在“世界实验室”的帮助下，在国内组建一个学术机构，名称为中国高等科学技术中心（China Center of Advanced Science and Technology，CCAST）。1986 年 10 月，邓小平及有关部门批准，CCAST 正式成立，李政道任终身主任，周光召和路甬祥任副主任。1994—2020 年，叶铭汉先生担任 CCAST 学术主任。在叶铭汉先生和赵维勤的具体帮助下，蔡勖于 2001 年 11 月 19—21 日，在 CCAST 主持召开了国内首次“复杂性问题研究讨论会”。

在开幕式上，蔡勖推荐了当年刚出版的中译本《大自然如何工作》，并引用了作者巴克给中国读者的话："复杂性科学还处在萌芽阶段，但我打心底里相信它将是 21 世纪的科学。…… 自组织临界性不是复杂性的全部，但它或许打开了通向复杂性科学的第一扇大门！"

会议的报告包括：南京大学徐躬耦先生的"量子混沌问题"，中国科学院水生生物研究所沈韫芬女士的"水生态系中的复杂性问题"，中国科学院理论物理研究所郑伟谋先生的"基因识别自组织算法"，中国科技大学汪秉宏先生的"交通流、元胞自动机、信息及决策"，北京大学黄琳先生的"关联与复杂性"，柏林自由大学孟大中先生的"物质基层上的时空复杂性"，华中师范大学李炜的"Bak-Sneppen 演化模型中的雪崩动力学与标度行为"和池丽平的"候选法则与开放的自我构建系统"等。当时还在美国圣路易斯华盛顿大学工作的饶毅先生，专程回国作了题为"Signal Transduction in Cell Migration"的报告。

蔡勖以"A Possible Impact of Complex/Simplex on Science and Society"为题，为这次 CCAST 会议作总结。在总结报告中，蔡勖特别提到两位与复杂性科学相关的重要科学家，普里戈金和费根鲍姆。他们曾先后在联合国大学举办学术会议。1975 年建立的联合国大学（United Nations University）是一所国际性大学，宗旨是为世界和平和人类进步作贡献。联合国大学开展研究的领域有：人类的普遍性价值和责任、世界经济的新趋势、维护全球生命的体系、科学技术的进步、人口资源与福利。伊利亚·普里戈金（Ilya Prigogine，1917—2003）是比利时物理化学家，布鲁塞尔学派的首领，以研究非平衡态的不可逆过程热力学、提出"耗散结构"理论而闻名于世，获 1977 年诺贝尔化学奖。1984 年，普里戈金在法国蒙彼利埃主持了题为 "Science and Its Application from Complexity" 的研究讨论会。爱德华·阿尔伯特·费根鲍姆（Edward Albert Feigenbaum，1936 年出生），人工智能领域的计算机科学家，获 1994 年图灵奖。费根鲍姆被称为"专家系统之父"。1963 年，他主编的《计算机与思想》（*Computers and Thought*）被认为是世界上第一本有关人工智能的经典性专著。1991 年，费根鲍姆在日本东京主持了题为 "The Impact of Chaos on Science and Society" 的研讨会。

蔡勖在报告中说："众多不同学科聚集在同一学术会议上的风险是，尽管我们都是为了讨论复杂问题而来，然而我们不是总能够以同样的专业语言进行交流。有责任的科学家应当面对全球生态环境的改变，面对世界政治的多变和多极化、国际经济的规范和一体化、信息科学技术的迅速更新和增长，面对生命科学技术的迅速更新和增长、前沿学科领域的交叉和整合、高新科技应用的跨国合作与竞争。因此，我们需要新的思维、新的方法、新的模式、新的观察、新的理论。"

蔡勖还说："研究复杂性问题，不仅是科学对象（系统与环境的自身和交互）的复杂，不仅是科学定义（概念与原理的确认和界定）的困难，更重要的是，科学和科学界本身同样是复杂的。科学被引进大学、被引进企业、被引进社会，被赋予国家利益的使命、被赋予国际竞争的重任。科学改造着大学、企业、社会、国家和世界，也同时被这些由它所改造的对象改造。"

CCAST 的学术主任叶铭汉，1925 年出生于上海，曾任中国科学院高能物理研究所所长，领导过北京正负电子对撞机和北京谱仪的研制。他的叔父叶企孙（1898—1977），曾作为主要领导者、策划者参与了清华大学物理系、理学院的创建。"两弹一星"功臣中的二十三位功勋科学家，超过一半都是叶企孙的弟子，或者是他弟子的弟子。1921 年，叶企孙用 X 射线精确地测定普朗克常数 h。美国物理学家亚瑟·霍利·康普顿（Arthur Holly Compton，1892—1962）于 1923 年发现电磁辐射的粒子性质，即康普顿效应，获 1927 年诺贝尔物理学奖。1935 年康普顿在他出版的名著 *X-Rays in Theory and Experiment* 一书中，称赞叶企孙的工作"是一次对普朗克常数最为可靠的测定"。第二次世界大战后，康普顿曾任圣路易斯华盛顿大学的校长。

2013 年，88 岁高龄的叶铭汉参加《叶企孙文存》发布暨叶企孙诞辰 115 周年纪念会。报告文学《最后的大师》的作者邢军纪在发布会上说："叶企孙先生对 20 世纪之初我国科技界、教育界和老一代的清华人来说应该是声名赫赫。1949 年以后，先生虽少有露面，但至少还有圈内人知道。而到了后来，特别是经过种种政治运动后，先生则彻底被人们遗忘。到 20 世纪末，已经几乎没有人知道谁是叶企孙了。"在中国物理学家的雁塔谱牒上，叶企孙似乎是被损毁、被撕掉的一角。李政道为《叶企孙文存》作序，序文中写道："叶企孙先生是现代中国科教兴国的先驱者。我非常敬仰他，永远怀念他。"《最后的大师》记录了叶企孙和他的时代，是作者应钱伟长先生之邀，历时十年创作而成的。钱伟长（1912—2010）称恩师叶企孙对他影响最深，他说："叶先生一辈子大公无私，从不为个人考虑。他终身不娶，视学生如儿女，对所有青年都非常亲切。我们怀念他。"

2006 年 11 月，第二届全国复杂网络会议在武汉召开。蔡勖在会议的开幕式上致词："人类置身的世界，包括人类自身，无论是无机，还是有机；无论是自然，还是人为；无论是微观，还是宏观；无论是简单，还是复杂；山脉与湖海，星系与夸克，DNA 与元素，植物与动物，机器与电气，交通与网络，电脑与人脑，经济与政治，宗教与社会，语言与文字，艺术与医术，思想与观念，无不具有其本征的结构，无不具有其特殊的规律。"

蔡勖说："排列，组合，级联，集层，板块，框架，联络，关联，适应，倾向，系统，组织，小世界，无标度，双螺旋……都是结构，都有规律。结构可能是呆板的、封闭的、规则的，也可能是生动的、开放的、随机的。结构并非是静态的、恒定的，通常是动态的、变化的。结构应当有生有死，有承继有变异，有崩溃有修复，有消失有重现。结构存在于各种类型的整体与局部的关系之中。局部牵扯整体，整体约束局部。结构可以是独特的、单一的、孤立的，也可以是普适的、多样的、复合的，还可以是极端复杂的、无限多元的、交互渗透的。结构可以是相对和谐的、相对缓变的，也可以是相对冲突的、相对瞬变的，还可以是绝对突发式的、绝对爆炸式的。"

蔡勖在致词中最后说："无论怎样，结构总有规律可循，结构总有美妙可盼。揭示结构，探求规律，寻觅人类最高智慧的创造，数学，尤其是现代数学，应当是在复杂网络领域中从事研究的人们的共识。"

在柏林自由大学，蔡勖结识了当时还在该校物理系做大学生的张首晟。1983 年底，经孟大中推荐，张首晟进入美国纽约州立大学石溪分校攻读博士，师从杨振宁。张首晟为斯坦福大学终身教授，美国艺术与科学院院士、中国科学院外籍院士、美国科学院院士，曾获全球华人物理学会杰出青年科学家奖、欧洲物理奖、国际理论物理狄拉克奖、富兰克林物理奖。2018 年，因抑郁症意外去世。

张首晟最重要的研究成果，是验证了由意大利理论物理学家马约拉纳（Ettore Majorana，1906—?）早在八十多年前提出的预测，即存在一类没有反粒子的费米粒子。张首晟将马约拉纳费米子的这一新发现称为"天使粒子"，可能为现有的量子理论带来巨大的改变。1938 年 3 月 25 日，马约拉纳登上了一艘开往西西里首府巴勒莫的邮船，他被外星人接走了。

四十六年后（1984 年），蔡勖也登上了一艘开往巴勒莫的渡船，他是应邀去西西里岛西北角、面朝地中海、海拔 800 米的山顶小镇埃里切（Erice），参加由意大利物理学家安东尼奥·齐基吉（Antonino Zichichi）举办的暑期班。这期暑期班最重要的议程，是邀请了量子力学的奠基者之一、英国理论物理学家保罗·狄拉克（Paul Dirac，1902—1984）讲演。狄拉克给出的方程描述了费米子的物理行为，预言了反物质的存在，他因此获得诺贝尔物理学奖。遗憾的是，狄拉克那时已病重，暑期班联名签字给他发去慰问电函。当年年底，狄拉克去世。

齐基吉先生于 1986 年访问北京，受到邓小平的接见。那年 3 月，王大珩、王淦昌、杨嘉墀、陈芳允四位科学家向国家提出要跟踪世界先进水平、发展中国高技术的建议。经过邓小平批示，国务院批准了《高技术研究发展计划（"863"计划）纲要》。邓小平曾专门题词："发展高科技，实现产业化"。

蔡勖参加了埃里切的暑期班，是钱三强先生（1913—1992）向齐基吉推荐的来自中国的优秀青年物理学家。蔡勖还在中学读书时，就景仰钱先生与何泽慧（1914—2011）有关重原子核三分裂、四分裂现象的发现，没想到后来有机会去他们家探望。在简朴拥挤的书房中间，悬挂着一幅墨迹，"从牛到爱"，那是钱玄同（1887—1939）写给儿子钱三强的，意为从牛顿到爱因斯坦。钱玄同是中国现代思想家、文字学家、新文化运动的倡导者。

为推动我国的宇宙线超高能物理和高能天体物理研究的发展，20世纪80年代中期，何泽慧先生曾专程到武汉，探访了蔡勖的高能核乳胶实验室。蔡勖、周代翠、钱婉燕的实验测量结果，"我国卫星回收核乳胶中一个宇宙线的高多重数事例"，发表在《高能物理与核物理》1988年12卷第2期。

2021年，诺贝尔物理学奖颁发给"对我们理解复杂物理系统的开创性贡献"：美国普林斯顿大学的Syukuro Manabe和德国马克斯·普朗克气象研究所的Klaus Hasselmann因"物理模拟地球气候，量化变化和可靠地预测全球变暖"而共同分享一半奖金；另一半奖金由意大利罗马大学Giorgio Parisi获得，理由是"发现从原子到行星尺度的物理系统的无序和波动的相互作用"。

说到复杂系统研究，有一个地方是绝对绕不开的，那就是美国的圣菲研究所（SFI）。在20世纪80年代初，这个位于美国新墨西哥州首府一座山顶的前修道院，除了拥有旖旎的风光，还聚集了一批卓越的科学家。资深的科学家中包括几位诺贝尔奖得主：默里·盖尔曼（粒子物理），菲利普·W. 安德森（Philip W. Anderson，1923—2020，凝聚态物理），肯尼斯·阿罗（Kenneth Arrow，1921—2017，经济学），以及物理化学家乔治·A. 考恩（George A. Cowan，1920—2012）、理论生物学家斯图尔特·考夫曼（Stuart Kauffman，1939 年出生）等。还有当年的一些新锐，其中就有巴克。在 SFI，对科学的包容达到了极致，因为几乎没有人会因为研究领域不同而受到排斥。2001 年，李炜作为 SFI 国际项目的中国成员，访问了圣菲研究所。当年，对年轻的李炜来说，SFI 令他充满了好奇、惊喜，甚至有些惶恐。在 SFI，李炜遇见了巴克。

之后，考夫曼邀请李炜访问他的的科技公司，赠送给李炜一本英国牛津大学出版社出版的新书 *Investigations*。考夫曼专门为中国读者写了序言，后来，由华中科技大学杨建邺教授推荐，池丽平、蔡勖翻译的中译本《科学新领域的探索》，2004 年由湖南科技出版社纳入"第一推动丛书"出版发行。

在 SFI，李炜遇见了"夸克之父"默里·盖尔曼。他们谈到了中国的语言、文字和历史。在盖尔曼支持下，华中师范大学创建了以盖尔曼的名字命名的复杂性科学研究所。盖尔曼同意做该研究所的学术顾问。2010 年盖尔曼访问了武汉，为研究所揭牌。盖尔曼给师生作了题为"人类语言之间可能存在的悠远关系"的专题报告。

默里·盖尔曼复杂性科学研究所已成立了近二十年，有一些令人关注的研究进展。譬如，李炜等人关于航空网络权重分布的研究，这是国际上较早的实证分析，为后续的理论和模型研究提供了重要的证据；再如关于体育排名系统标度律的研究，被 *Nature*，*Science* 和 *MIT Technology Review* 等刊物重点评论和推介。默里·盖尔曼复杂性科学研究所通过与 SFI 的合作，也将合作延伸到世界一些知名的研究机构和院校，如德国马克斯·普朗克学会等。

近年来，与网络科学、大数据、深度学习、人工智能等技术元素相关的复杂系统研究领域，涌现出一些新的机制、新的规则、新的原理，诸如：

1. 自仿射分维（self-affine fractal dimension）；
2. 自组织临界（self-organized criticality）；
3. 弱随机逾渗（non-random percolation）；
4. 弱维度世界（dimensionless world）；
5. 失衡态涌现（imbalance emergent properties）；
6. 失心态集群（decentralization cluster）；
7. 隐秩序适应（hidden-order adaptive system）；
8. 弃中介传播（disintermediation communication）；
9. 拟虚拟熵力（virtual-entropic forces）。

蔡勖采用【九张机】格式，按拍填词，拈题谱韵，掩瑟凝思，寄情缓歌，竟得《复杂系统之物理》联章如下：

一玄机，递归怜自仿摹奇。分维测度流形异，至虚拓扑，几何动力，愁迭代迟迟。

二玄机，雪崩临界特征稀。祥灾幂律无标帜，悬同鲁棒，随缘耗散，疑草木兴衰。

三玄机，穿窬聚集簇穷期。连边节点昏疲弃，无回阈值，反常逾渗，悲摧弱随机。

四玄机，层穹聚散认高低。展延卷缩参差力，位相规范，空时弯曲，维度爆源疑。

五玄机，幽幽涌现失衡时。云云六度多奇势，逐群驱动，纠缠同步，混沌少周期。

六玄机，光纤芯片集群痴。依存允协昏魂智，通幽洞悟，失心隐顶，槐蚁梦如斯。

七玄机，群群演化缺基因。覆翻交互稀承继，馈回体系，循环动态，随适应尘迷。

八玄机，关联失称逆天时。冰媒网络谐闲弃，守攻白帽，专家黑客，忧病毒穷羁。

九玄机，两维曲面压强跻。暗能黑洞凭虚拟，模糊全息，熵魂引力，见月朗星稀。

前口号

魂灵痴绝独窥知，失序熵增众质疑。厝火积薪羁病处，残篇断简势穷时。

后口号之一

机迷，编程计算引擎思。图灵测试存储智，通信绝密，云空数字，殇鸩果衔凄。

后口号之二

天机，自然造化竟痴迷。玄关斗柄逢妙笔，渐修心印，神功顿悟，千劫凤缘稀。

"九张机"，乃宋代词牌名[①]。联章加的前口号，是为了纪念最早为复杂系统物理的信念而殉道的奥地利物理学家、哲学家路德维希·玻尔兹曼（Ludwig Edward Boltzmann，1844—1906）。1866年，玻尔兹曼获维也纳大学博士学位，是热力学、统计物理学的奠基人。1877年，他提出著名的玻尔兹曼熵公式，式中的常量 k，便是以他的名字命名。因为熵的提出，玻尔兹曼陷入与哲学家的论战，身心疲惫，于1906年9月5日在的里雅斯特附近的杜伊诺一所小旅店内自杀身亡。在玻尔兹曼的墓碑上，没有墓志铭，只有孤零零的热力学熵的公式 $S = k \log W$。

的里雅斯特，位于意大利东北部的沿海港口。因对电弱统一理论的贡献获诺贝尔物理学奖的巴基斯坦理论物理学家阿卜杜勒·萨拉姆（1926—1996），在的里雅斯特创建了国际理论物理中心（ICTP，1964），发起成立了第三世界科学院（TWAS，1983）。20世纪80年代，蔡勖以及南开大学葛墨林先生、中国科学院理论物理研究所于渌先生，均受邀在ICTP工作访问过。他们相约，要寻找到杜伊诺的那家小旅店，正所谓，"有感炎凉前代迹，无端凭吊此时情"。

[①] 最早见于《乐府雅词》中所录宋朝无名氏词，后来的《钦定词谱》中被视为大曲。在乐府中，旧称"醉留客"。词为联章体，主要有两体：其一，整曲九阕，没有口号；其二，主体九阕，加后口号两阕；也有再加前口号一首，七言绝句。

联章加的后口号之一提到了图灵和鸩果。阿兰·麦席森·图灵（Alan Mathison Turing，1912—1954），是英国著名的数学家和逻辑学家，被称为计算机科学之父、人工智能之父。他是计算机逻辑的奠基者，提出了"图灵机"和"图灵测试"等重要概念。42 岁时，死于有毒的苹果。以他名字命名的图灵奖（Turing Award），由美国计算机协会于 1966 年设立，成为计算机领域的国际最高奖项。不知苹果电脑公司，为何以被咬了一口的苹果作为其品牌标识，是否为了纪念这位伟大的人工智能领域的先驱者图灵。

联章加的后口号之二，涉及禅学界的"渐修"与"顿悟"宗风，即南方之慧能禅宗（南顿）与北方之神秀禅宗（北渐）。曾任加拿大麦吉尔大学物理系主任、卢瑟福讲席教授、海外华人物理学会主席的蓝志成先生（Chi-sing Lam，1936 年生于香港），于 2012 年在温哥华出版了中文版《现代宇宙学中的禅 —— 从万物皆空到无中生有》一书。

三十年前，受蓝志成的邀请，蔡勖曾去麦吉尔大学工作访问过。当时他的研究课题与超对称性有关。超对称性理论是费米子和玻色子之间的一种对称性，该对称性在自然界中尚未被观测到。蔡勖的研究论文"Temperature Effect and Coherent Effect in Supersymmetry"，于 1992 年发表在新加坡的期刊 *International Journal of Modern Physics*。另一篇论文"Nonlinear Evolution Related to Invariant Functionals and the SUSY Transformations"，于 1998 年发表在 *Communications of Theoretical Physics*。

蓝志成先生在书中问道：谁人不曾仰望星空？谁人不曾遐想

宇宙？根据现代宇宙学理论，我们的宇宙是从 137 亿年前的原初状态演化而来的。那时，宇宙没有质量，只有极低的能量。如今的满天繁星、世间万物，竟然都来自当年那个几乎空空如也的原初宇宙？恰如贝叶偈云：

> 无常因变变循常，
>
> 随缘造化化机缘。

1980 年，刘连寿、蔡勖在位于武汉卓刀泉北路的湖北省军区招待所，首次举办了国内"强子结构讨论会"。时任华中工学院院长的朱九思（1916—2015）先生，专门来到会场看望与会的专家学者，其中有中国科学院高能物理研究所朱洪元（1917—1992）、北京大学胡宁、中国科学院理论物理研究所何祚庥（1927 年出生）、中山大学李华钟（1930—2018）、浙江大学汪容（1921—2007）、同济大学殷鹏程（1923—2020）等先生。殷鹏程先生，恰是蔡勖师从刘连寿时，研究生毕业的答辩委员会主席。

位于武昌的文华大学，可能是近代西方教会最早传入湖北的现代大学。1871 年，美国圣公会在昙华林创办文华书院，名叫文惠廉纪念学堂（Boone Memorial School），中文校名为文华书院。1890 年增设高中，1901 年翟雅各任院长，1903 年发展成文华大学，1924 年改名为华中大学。韦卓民（1888—1976），1929 年在英国伦敦大学获哲学博士学位后，即回国出任华中大学校长，风风雨雨长达二十年。韦卓民先生长期从事哲学和中外哲学史的教学与研究工作，成绩卓著。20 世纪 50 年代，曾给师生讲授康德的《纯粹理性批判》和黑格尔的《小逻辑》。

　　1995 年，杨振宁曾偕夫人杜致礼访问武汉。杨先生曾向蔡勖问及他年轻时的好友、物理学家韦宝锷（韦卓民之子），希冀见面未果。杜致礼的父亲杜聿明（1904—1981）是著名抗日将领，国民革命军陆军中将，1924 年黄埔军校一期骨干。韦宝锷 1940 年毕业于华中大学物理系，1950 年获美国耶鲁大学物理学博士学位。同年回国，曾在华中师范学院任教。

　　华中大学的物理系始建于 1903 年。1930—1939 年间，华中大学物理系主任由物理学家桂质廷（1895—1961）担任。桂质廷先生 1925 年获普林斯顿大学理学博士学位，是我国电离层物理学的开拓者，中国地磁学与空间物理学的创始人。1939—1958 年间，物理系主任由物理学家卞彭年（1901—1990，曾用名卞彭）担任。卞彭年先生于 1935 年获美国麻省理工学院理学博士学位，曾代理过华中大学校长。1958—1979 年间，物理系主任由物理学家邱永喜（1918—1980）担任。邱永喜先生曾于英国剑桥大学师从著名物理学家、诺贝尔物理学奖获得者威廉·劳伦斯·布拉格（William Lawrence Bragg），获理学硕士学位。1949 年，邱先生响应祖国号召，放弃在国外继续攻博，回国服务。1979—1984 年间，物理系主任由物理学家杨约翰（1919—2003）担任。杨约翰先生 1943 年在清华大学研究院（西南联合大学）研究生毕业，与谢毓章、黄授书、杨振宁、张守廉、应崇福同窗。1943—1946 年，杨约翰先生曾任西南联合大学物理系助教。

　　1951 年，中原大学教育学院与华中大学合并，组建公立华中大学。1952 年，中华大学并入，改名华中高等师范学校；1953 年，定名华中师范学院。1985 年，更名华中师范大学，中原大学创始人邓小平亲笔题写校名。

2016年7月，十一卷本的《韦卓民全集》由华中师范大学出版社出版。韦卓民先生在康德哲学、黑格尔哲学、逻辑学、教育学、宗教和文化等方面的译著和著述均收录其中，逾千万字。

伊曼努尔·康德（Immanuel Kant，1724—1804），德国古典哲学创始人，其学说深深影响近代西方哲学。1755年，康德发表《自然通史和天体论》（北大社版《宇宙发展史概论》）一书，首先提出太阳系起源星云说。康德揉捏了法国哲学家勒内·笛卡儿（René Descartes，1596—1650）的理性主义与英国哲学家弗朗西斯·培根（Francis Bacon，1561—1626）的经验主义，被认为是继苏格拉底、柏拉图和亚里士多德后，西方最具影响力的思想家之一。

蔡勘曾以"希腊三贤"为题，填词【念奴娇】三首，追录如下：

其一 苏格拉底之死

谁悲谁戚，你不仇不怨，无惧无悔。

刚毅慨慷唯峻冷，深邃眼眸饥馁。

须发颓灰，情神疲惫，柏拉图衰涕。

门徒朋辈，拱听苏格拉底。

笃信不朽灵魂，自由人品，镣铐留青史。

坚忍虔诚担道义，左臂高擎挥指。

伏法宁心，饮杯鸩毒，命有皈依死。

责疏申辩，睿知神秘伦理。

其二　柏拉图谈字

坤乾双界，有神形斡运，魂分三意。

睿智勇坚堪克己，兼善达人扶义。

圆不圆之，方无方矣，谁解圆方事？

慧高从序，秩然然混沌弃。

样态理性常恒，播流阅世，柏拉图谈字。

天籁参差多响入，地窍虚穷深秘。

哲匠真真，治功尚尚，乌托邦何事？

摄涵言隐，念兹兮在兹已。

其三　亚里士多德逻辑

逍遥学派，探自然宇宙，演绎推理。

亚里士多德逻辑，恐惧自信差异。

吾爱吾师，吾更求是，名盛留青史。

虚空潜在，哲人归纳类比。

疑惑觉醒沉思，上苍无奈，亥豕多相似。

评骘公明濡浸笔，吠犬睡狮知耻。

九仞为山，功亏一篑，罪孽还罗织。

天才疯子，谁需贤圣身死？

　　康德是德国的大哲学家，他的故乡在东普鲁士的柯尼斯堡。第二次世界大战之后，德国战败，柯尼斯堡成为苏联领土，改名为加里宁格勒。1991年，苏联加盟共和国解体，白俄罗斯、拉脱维亚、立陶宛纷纷脱离苏联独立。如今，这三个国家在地域上隔开了加里宁格勒与俄罗斯。

康德的陵墓毗邻柯尼斯堡大教堂的东北角，椴树林荫。不知何时起，德国的椴树，被翻译成"菩提树"。康德的大理石墓碑上，刻有德文的墓志铭，出自康德的《实践理性批判》的哲学著作：

> 世上有两样东西，对它们的思考越是深沉，越是持久，它们在自己心灵中就会唤起越来越多的钦佩，越来越多的敬畏，析微察异，附物著灵，那就是仰望在头顶上的星空，俯窥在内心里的道德。

在德国柏林，有条菩提树大街（Unter den Linden），它是欧洲著名的林荫大道，普鲁士的心脏。从见证过柏林墙始建和倒塌的勃兰登堡门向东，到柏林市中心的马克思–恩格斯广场，大街的人行道两旁和中央的安全岛上，四季常绿的菩提树婆娑成行，微风吹来，婀娜多姿，一派浪漫风情。不得不填词，如下：

霜叶飞·菩提树叶

叶枝枯了，飘飘下，风徘徊恋东杳。

寂然寝迹落衡门，栖憩凋残肇。

静悄悄，谁能搅扰，崇山幽谷氤氲绕。

怎隐恻难平，又怅惘，情怀俯仰，何不知晓？

栩栩藏密青青，阴阳差错，意合情投难老。

莫猜度过往轮回，爱恨情愁少。

世事尽寻归属妙，荣枯兴替天行道。

　　始简单，终繁复，一片苍生，万方存照。

　　科学总是寻求发现和了解客观世界的新现象，研究和掌握新规律，总是在不懈地追求真理。科学是认真的、严谨的，实事求是的，同时，科学又是创造的。科学的最基本态度之一，就是疑问；科学的最基本精神之一，就是批判。

　　2011 年，斯图尔特·考夫曼著作 *At Home in the Universe* 的中译本《宇宙为家》，由湖南科学技术出版社出版。考夫曼先生，作为"自组织理论和复杂性理论在生物学应用方面的前沿思想家，他在书中说，"我们生活的世界上，充满着令人惊叹的生物学复杂性。各种各样的分子合在一起跳新陈代谢之舞，终于造出细胞来。关于复杂性原理的探索，使我们有可能知道，正是在这些原理的作用下，一道分子浓汤里产生了生命，最终进化出我们今天见到的生物圈。不管我们谈论的是分子，还是分子跟分子如何协作组成了细胞，还是生物体跟生物体如何协作组成了生态系统，还是买方与卖方如何协作组成了市场经济形态，我们都会发现一些理由，使我们相信，光有达尔文主义是不够的；使我们相信，我们今天看到的世界，不仅仅起源于自然选择"。

　　2017 年，考夫曼推荐了曾在圣菲研究所完成博士后研究工作的约翰·H. 米勒（John H. Miller）的著作《复杂之美》（*A Crude Look at the Whole: The Science of Complex Systems in Business, Life and Society*），中文版副标题是"人类必然的命运和结局"。米勒先生指出：

　　　　如今，人类面临着全球型社会挑战：金融危机、气候变化、恐怖主义、全球疫情，没有哪个话题单纯与某一特定学术领域精确对接或单线联系。事实上，无论多么微不足道的简单部分，一旦拼凑在一起，就能让整体呈现出新特征。从古代市场到单细胞生物变形虫，从蜜蜂蜂巢到复杂的人类大脑，从城市发展到经济危机，我们身处的世界就是一部关于复杂性的百科全书。

　　复杂性无处不在，自组织临界性也常常产生。复杂系统经常自己组织成特别的配置，体现出并非出自本意的秩序。这种秩序就意味着某个系统已处于边缘状态。自组织临界性系统会导致这样的世界，即某种活动可以在各种规模上产生影响。大多数事件往往只会导致小型的局部化沙崩，但是，在极少情况下，一次小事件会引发整个沙堆的坍塌。

有感于此，遂以"弦音复杂"为题，填词【声声慢】：

　　经天纬地，八卦阳阴，
　　几何算术分析。
　　曲率老身游戏，冷窗寒壁。
　　流形有穷拓扑，集合无、东寻西觅。
　　千古谜，却曲终酒尽，雨落愁寂。

　　到处弦音复杂，栖隐遁，
　　思归自然逻辑。
　　网络云端，多少隔年皇历。
　　残存蕴含数学，竟纯粹，清规戒律。
　　雅典院，一加一、知一万毕！

公元前 500 年的古希腊数学家、哲学家毕达哥拉斯，最早把数的概念提到突出地位："万物皆数"。毕达哥拉斯曾用数学研究乐律，探讨弦长比例与音乐和谐的关系，已带有科学的萌芽。宇宙的创造，会不会像琴弦？

爱因斯坦在生命的最后岁月，仍然在苦苦寻思统一场理论。《没有时间的世界：爱因斯坦与哥德尔被遗忘的财富》一书记录了科学界中唯一能与爱因斯坦相提并论的人，数学家、逻辑学家和哲学家库尔特·哥德尔（Kurt Gödel，1906—1978）。哥德尔最杰出的贡献，是哥德尔不完全性定理。他们在寻觅，寻觅一个能在包罗万象的和谐的数学框架下，描写自然界所有力的理论。卡拉比–丘成桐流形，似乎解决了凯勒–爱因斯坦度量的存在性问题。宇宙的基本单元，是否就是超弦？宇宙中的一切相互作用，是否就是超弦的分裂和结合？

蔡勖的"华大物理新生开学系列讲演"已召开多年，2017年讲授了"爱因斯坦的引力梦"，2019 年讲授了"仰望天穹谁在问"，报告都着重介绍了中国自主空间引力波探测计划之一——天琴计划，它在国际上首创地心–垂直黄道面的轨道方案。根据天琴计划，将于 2035 年前后在约 10 万千米高的地球轨道上，部署三颗全同卫星，构成一个边长约为 17 万千米的等边三角形星座，建成一个在太空中进行引力波探测的空间引力波天文台，开展引力波源探测。

斯蒂芬·霍金（Stephen Hawking，1942—2018），英国剑桥大学物理学家，21 岁时患上肌肉萎缩性侧索硬化症，全身瘫痪，不能言语。霍金的黑洞理论使量子论和热力学在"霍金辐射"中得到统一。蔡勖的研究生蒋青权的博士论文《量子隧穿、反常与黑洞霍金辐射》，被评为 2012 年度全国百篇优秀博士学位论文。恰如霍金所说：

> 请仰望星空，不要俯视脚下。请试着去理解你双眼所见到的大自然，然后试着去猜想这宇宙存在的意义，到底在何处。请保持一颗好奇心。无论生活如何艰难，你总会找到自己的路，找到属于你的成功。重要的是，你绝不会轻言放弃。

只有偶然才是必然的。是为记。

李炜，蔡勖

2022 年 5 月 24 日

写于南湖水际，桂子山村